国家级特色专业

广州美术学院工业设计学科系列教材

童慧明　陈江 主编

ART OF DESIGN PRESENTATION

设计汇报表达的艺术

卢文英　伍　莹 编著

U0196807

北京大学出版社

PEKING UNIVERSITY PRESS

图书在版编目（CIP）数据

设计汇报表达的艺术 ／ 卢文英，伍莹编著.—北京：北京大学出版社，2015.7
（国家级特色专业·广州美术学院工业设计学科系列教材）
ISBN 978-7-301-25617-6

Ⅰ.①设… Ⅱ.①卢… ②伍… Ⅲ.①产品设计－高等学校－教材
Ⅳ.①TB472

中国版本图书馆CIP数据核字（2015）第057091号

书　　　　名	设计汇报表达的艺术
著作责任者	卢文英　伍莹　编著
责 任 编 辑	赵　维
标 准 书 号	ISBN 978-7-301-25617-6
出 版 发 行	北京大学出版社
地　　　　址	北京市海淀区成府路205号　100871
网　　　　址	http://www.pup.cn　新浪微博：@北京大学出版社
电 子 信 箱	编辑部 wsz@pup.cn　总编室 zpup@pup.cn
电　　　　话	邮购部 010-62752015　发行部 010-62750672　编辑部 010-62707742
印 　刷 　者	北京中科印刷有限公司
经 　销 　者	新华书店
	720毫米×1020毫米　16开本　14.5印张　209千字
	2015年7月第1版　2023年8月第2次印刷
定　　　　价	75.00元

目　录

总　序 / 1

如何使用本书进行教学 / 1

第一章　概述：如何进行一场有效的设计汇报 / 3

第一节　设计汇报是什么？ / 3

第二节　如何准备一次设计汇报？ / 9

第三节　课堂练习与作业案例 / 18

第二章　常规逻辑结构与资料归类方法 / 24

第一节　设计资料的归类、分析与整理 / 25

第二节　设计汇报的两种常规逻辑结构 / 31

第三节　课堂练习与作业案例 / 39

第三章　图片与视频的拍摄与处理 / 43

第一节　如何使用和处理图片？ / 43

第二节　如何准备一个视频？ / 73

第三节　课堂练习与作业案例 / 83

第四章　网格版式编排与标题导航设计 / 101

第一节　图文版式编排的构成原理与导则 / 101

第二节　网格系统在常规版式中的应用 / 112

第三节　设计汇报的层次结构与标题导航 / 124

第四节　课堂练习与作业案例点评 / 133

第五章　视觉化传达与多途径综合表达 / 150

第一节　视觉化的重要性和常见问题 / 150

第二节　调研数据图形化 / 161

第三节　注意演讲中的态势语言 / 181

第四节　从屏幕汇报走向多途径表达 / 184

第五节　课堂练习与作业案例点评 / 198

第六章　课程总结汇报与点评 / 209

总　序

　　设计教育的本质，是培养具有整合创新能力的人才。历经 30 年的持续发展与扩张，中国设计院校虽以近 230 万在读大学生的总量规模高居世界第一，但在培养的学生的质量水平上则与欧美发达国家仍有较大差距。

　　一段时间以来，许多专家学者均对如何提升中国设计教育水平发表过各种建议与评论，尤其是关于教材建设的意见甚多。于是，过去 10 年来由一些重点高校的著名教授牵头主编、若干知名出版社先后出版了许多列入"十五""十一五"规划建设的系列教材，造就了设计出版物的繁荣景象。然而，在严格意义上，这些出版物更类似于教学参考书，真正能在实际教学中被诸多高校普遍采用，具有贴近教学现场的课程内容、知识结构、课时规划、作业要求、作业范例、评分标准等符合设计类专业教学特性要求的授课范式，并经过多次教学实践磨砺出的教材则如凤毛麟角。

　　整体观察这些出版物，在三大本质特性上存在突出弱点：

　　1. 系统性。虽有不少冠之为"系列教材"，但多数集中在设计基础、设计史论类教学参考书范畴，少有触及专业设计、专题设计课程的教材。而且，这些系列教材基本是由某位教授、学者作为主编，组织若干所院校的作者合作编写，并不是体现一所院校完整的教学理念、课程结构、课程群关系、授课模式特色的系统化教材。

　　2. 原创性。毋庸讳言，虽就单本教材来说，不乏少量基于教师多年教学经验、汇聚诸多教研心血的佳作，但就整体面貌来看，基于计算机平台的"拷贝 + 粘贴"取代了过去的"剪刀 + 糨糊"的教材编写模式，在本质上没有摆脱抄袭意图明显的汇编套路，多数是在较短时间内"赶"出来的"成果"，自然难有较高质量。

　　3. 迭代性。设计是一门培养创新型人才的学科，大胆突破、迭代知识是设计教育的本色，不仅要贯彻于教学过程中，更要体现于教材的字里行间。这种将实验探索与精进学问相融合的治学态度，尤其需要映射于专业设计类教材的策划与撰写中。这种迭代性既应体现出已有的专业设计类课程授课内容、架构与目标的革新力度，也需反映出新专业概念对传统设计专业知识结构的覆盖、跨界、重组、变异趋势。例如交互设计、服务设计、CMF 设计等新专业设计类别，尽管在设计业界的实践中已快速崛起，但在明显已落伍的设计教育界，目前尚无成熟的专业教学系统与教材推出。

"国家级特色专业·广州美术学院工业设计学科系列教材"，是一套以"'十二五'重点规划教材"为定位，以完整呈现优秀院校学科建构、课程特色、教学方法为目标的系统教材。首批计划书目 38 册，分为"设计基础""专业设计基础""专业设计"三大类别，汇聚了"工业设计""服装设计"与"染织设计"三个专业教学板块的任课教师在设计基础教学、专业设计基础教学、专业设计工作室教学中长期致力于新课程创设、迭代更新教学内容、提纯优化教学方法等方面所做的实验与探索性成果。它们经过系统总结与理论升华，凝结为更加科学、具有前瞻意识与推广价值的实用教材。

广州美术学院是国内最早开展现代设计教育的院校之一。工业设计学院作为拥有"国家级特色专业""省级重点专业""省级教学质量奖"荣誉，集聚了一大批优秀教师的人才培养平台，秉承"接地气"（与产业变革需求对接）的宗旨，以"面向产业化的设计教育"为准则，自 2010 年末以来，整合重构了三大专业板块，在本科教学层面先后组建了 5 个教研室、14 个工作室，明确了每个教研室与工作室的细化专业方向、教学任务与建设目标，并把"创新设计"作为引领改革的驱动力与学院的核心理念。

创新设计，是将科学、技术、文化、艺术、经济、环境等各种因素整合融会，以用户体验为中心，组建开放式的知识架构，将内涵由产品扩展至流程与服务、更具原创特性的系统性设计创造活动。以此为纲领，工业设计学院在充分认知珠三角产业结构特点的前提下，提出了"更加专业化"与"更具创新力"的拓展目标，强调"更加专业化以适应产业变革，更富创新力以输出原创设计"，清晰定位了自身的发展方向：培养高质量的本科生，输出符合产业需求的"职业设计师"。

"工作室制"与"课题制"互为支撑、互相依存的系统建构，已成为广州美术学院工业设计学院的新教学模式与核心特色。这种模式在激发教师产学研

广州美术学院工业设计学院本科教学架构图

2013 年 10 月　V2.0 版

课程制 Course System

一年级 First Year	设计基础 Design Fundation 教师 7~10 人（含外聘），学生 300 人	设计理论与研究 Design Theory & Research 教师 4 人

二年级 Second Year：工业设计基础 Industrial Design Basic 教师 5~6 人（含外聘），学生 150 人｜服装设计基础 Fashion Design Basic 教师 2~3 人，学生 90 人｜染织设计基础 Textile Design Basic 教师 2 人，学生 60 人

自选 Selecting

课题制 Project System　三年级 Third Year　实习 Internship　四年级 Fourth Year

工作室+课题制

专业	代码	教师	学生
工业设计工程	IDE	4~5 人	60 人
生活设计	LD	4~5 人	60 人
家具设计	FD	4~5 人	60 人
交通工具设计	TD	2~3 人	30 人
交互设计	IAD	2~3 人	30 人
公共与娱乐设计	PIDS	2~3 人	30 人
服饰产品设计	LPD	1~2 人	15 人
整合产品设计	IPD	3~4 人	40 人
服饰配件设计	AD	2 人	25 人
服装艺术设计	FD	5~6 人	80 人
服装设计工程	FDE	3 人	60 人
家纺设计	HTD	3 人	40 人
织物设计	TD	3 人	40 人
纤维艺术设计	FAD	3 人	40 人

结合、吸纳产业创新资源、启动学生创造力、提升学术引导力等方面产生了巨大的整合效应，开创了全新的设计教育格局。

新的本科教学架构将四年教学任务分为两大阶段、三类课程（如上图所示）：一年级是以"通识性"为特点，打通所有专业的"设计基础"类课程。二年级是以"基础性"为特点，区分为"工业设计""服装设计"与"染织设计"三个专业平台的"专业设计基础"类课程。这两类均以"课程制"教学模式进行。而三、四年级则是以"专业性"为特点，在 14 个工作室同步实施的"专业设计"类课程，以"课题制"教学模式进行，即各类专业设计的教学均与有主题、有目标、有成果要求的实质设计课题捆绑进行。

"课题制"教学是本套教材首批书目中占 60% 的"专业设计"类教材（23 册）的突出特色，也是当下国内设计教育出版物中最紧缺的教材类型。"课题制"，是将具有明确主题、定位与目标的真实或虚拟课题项目导入专业设计工作室平台上的教学与科研活动，突出了用项目作为主线、整合各类知识精华、为解决问题而用的系统性优势，并且用课题成果的完整性作为衡量标准，为学生完成具有创新深度、作品精度的作业提供了保障。

诸多被纳入工作室教学的课题以实验、创新为先导，以"干中学"为座右铭，强化行动力，要求教师带领学生采用系统设计思维方法，由物品原理、消费行为、潜在需求的基础层面展开探索性研究，发挥"工作室制"与"课题制"捆绑所具有的"更长时间投入""更多资源聚集"的优势条件，以足够的时间

安排（如 8—12 周）完成一个全流程（或部分）设计项目过程，培养学生真正具有既能设定目标与研究路径，又能善用各种工具与资源、提出内容充实的解决方案的综合创造能力。

以课题为主导的工作室教学，也为构建开放式课堂提供了最佳平台。各工作室在把来自产业的创新设计课题植入教学过程时，同步导入由合作企业选派的工程技术专家、市场营销专家、生产管理专家等各类师资，不仅将最鲜活的知识点带入课堂，也让课题组师生在调研、考察生产现场与商品市场的过程中掌握第一手信息，更加清晰地认知设计目标与条件，在各种限定因素下完成符合要求的设计成果，锤炼自身的设计实战能力。

为了更好地展示"课题制"与"工作室制"的教学成果，这套教材在规划定位上提出了三点要求：

1. 创新：教材内容符合教学大纲要求，教学目标明确，具有理念创新、内容创新、方法创新、模式创新的教学特色，教学中的关键点、难点、重点尤其要阐述透彻，并注意教材的实验性与启发性。

2. 品质：定位为国家级精品课程教材，达到名称精准、框架清晰、章节严谨、内容充实、范例经典、作业恰当、注释完整的基本质量要求，并充分体现教学特色，在同类教材中具有较高学术水平与推广价值。

3. 适用：编著过程中总结并升华教学经验，体现由浅入深、由易到难、循序渐进的原则，有科学逻辑的教学步骤与完整过程，课程名称、适用年级、章节层次、案例讲述、作业安排、示范作品、成绩评定等环节必须满足专业培养目标的要求，所设定的内容、案例规模与学制、学时、学分相匹配，并在深度与广度等方面符合相应培养层次的学生的理解能力和专业水平，可供其他院校的教师使用。

希望经过持续的系统构建与迭代更新，这套教材可在系统性、实验性、迭代性、实用性和学术性等方面形成突出特色，为推动中国高等学校设计教育质量的提升做出贡献。

广州美术学院工业设计学院院长　童慧明 教授
2014 年 1 月

如何使用本书进行教学

本书把设计类专业的学生所需的设计汇报知识分为两大部分、九大要点。根据下面的思维地图，我们可以更清晰地看到全书各章节之间的内在联系。"如何准备内容"与"如何表达"是本书两大主要内容，亦是所有设计类专业的学生们需要思考的问题和应具备的基础能力。"如何表达"，亦是图形、编排、视

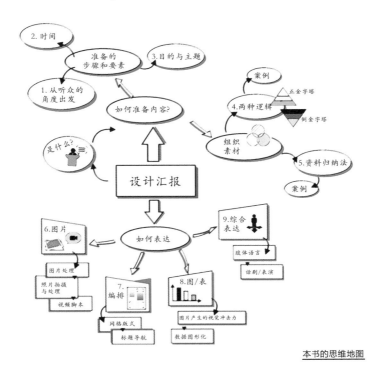

本书的思维地图

频等设计类学生应该具备的基础能力。

作为课程的指导教师，在具体授课时可以根据课程时间的长短和课程目的，合理地选择以下课程模块。

课程模块 A（大班教学，2+2 学分）

此模块适合四年制本科二年级的学习与教学。可以在二年级的上学期，先进行第二部分的教学，为期 2 周适宜；在下学期再进行第一部分的教学，因为此部分内容相对更难，与学生的思考能力有关。

课程模块 B（大班教学，2 个学分）

此模块适合在本科二年级的下学期进行为期 6 周的课程，结合学生原有的专业课来进行，每周上课一次，用来辅助专业课作业的完成。这也是目前我们长期使用的教学模块。以下是我们的课表和作业练习情况：

时间	内容	课题游戏	作业
第一周	课程概述	猜猜看	作业提交：自我介绍
第二周	网格	网格	作业提交：编排
第三周	摄影与视频		作业提交：摄影
第四周	图表	写写画画	作业提交：视频
第五周	归类与逻辑		
第六周	综合设计汇报		

课程模块 C（小班教学，3 个学分）

此模块适合本科二年级的下学期进行为期 3 周的课程，教学规模以一个班 30 人以内为宜。该教学方式必须结合一个专业的设计课题进行，如"广州印象"旅游纪念品设计专题；关于"时间"的产品设计专题等。3 周的课程中包括设计创意和设计表达，要求能够紧密地围绕一个课题进行设计，并增加课程的完成度，丰富设计作品最终的呈现手段。

概述：如何进行一场有效的设计汇报

内容摘要：本章概述全书内容，重新定义了设计汇报和设计表达在不同领域的呈现方式。同时，还指出了完成一次有效的设计汇报所需的三个步骤和五个关键要素。

第一节　设计汇报是什么？

不同时期对设计汇报的认识不尽相同，它是一个不断发展和完善的概念。在最初的工业设计时期，并不存在设计汇报这一概念。随着设计的交流和职业化发展的深入，设计师需要和客户、用户、产品开发等各个环节的参与者进行设计思想的有效交流与沟通。逐渐地，设计汇报表达成为设计组成中不可分割的一部分，贯穿产品设计的始终。设计信息的接收对象涉及不同的文化背景和不同专业领域的人员，设计师需要满足不同人群的信息需求，同时信息传播效率的提高也要求设计师具有快速的信息处理能力与卓越的表达能力。

从设计活动的内部来看，设计创新的成败不仅仅取决于设计部门内部的工作，各种其他因素，如在企业整体系统内各职能部门之间的沟通协调等，也会影响设计创新活动的最终效果。

在传统的工业设计教育课程中，设计表达更多地局限于各种表达技能和技巧的训练，如素描、速写、草图、电脑效果图、模型制作等，而对学生综合设计表达能力的培养不够重视。本书的两位作者从 2009 年开始关注综合设计表达教学，从小班实验性教学扩展到目前普及整个工业设计学院产品板块的基础教学。通过 4 年教学经验的积累，两位作者反复调整与完善课程内容，终得此书。书中采用的大量设计表达的案例，也都主要来自于广州美术学院工业设计学院的师生课程作业。

就设计类专业的学生来说，本书介绍的设计汇报方法比单纯的设计表达更加全面、成熟，甚至可能与人们想象中的有所不同。一次设计汇报，特别是我们强调的"有效的设计汇报"，是怎么一回事呢？在此可以通过两段视频来举例说明。

视频来自英国 BBC 电视台的一个饮食节目《赫斯顿的盛宴》（*Heston's Feast*），其主角赫斯顿是一位"分子料理"的践行者，也是一位自学成才的主厨。他与一位物理学家合作，把一切可用的实验设备引入厨房，因此被称为"厨房里的化学家"。（图 1–1、图 1–2）

一、视频《赫斯顿的盛宴·魔法蘑菇》

每一期节目，赫斯顿都要为来自不同领域的明星准备一顿极富概念和想象力的盛宴。本期节目的主题是"60 年代"。60 年代的年轻人被称为"战后的一

图 1–1

图 1–2

代"，他们的各种价值观处于重建
阶段，迷幻音乐、性解放等思潮
十分流行。其中最具代表性的就
是一种可致迷幻的蘑菇，也就是
本期菜谱的头盘菜"魔法蘑菇"。

扫描二维码，随身看视频

《赫斯顿的盛宴·魔法蘑菇》视频二维码

然而，这种"魔法蘑菇"已被禁止公开销售多年，赫斯顿必须亲赴意大利的一
个小镇与当地的村民通过竞拍来获得这种食材。赫斯顿回到他的实验室厨房，
用各种设备提取这种食材的味道，制成咖喱的形态。这种"魔法蘑菇"并没有
人们想象中的红色伞体和白色斑点，人们更关心的是大厨如何通过创新的表现
形式来满足人们对魔法的期待。赫斯顿使用了一个中间竖立着一根根针状小蘑
菇的蘑菇形态的碗，并用小毛笔仔细为碗中的蘑菇上色。蘑菇碗和其他装饰放
在一个盛满绿草的托盘上，旁边还放置了一个带吸管的蘑菇。正是这两个小物
件隐藏着主厨为食客精心设计的两个小把戏。

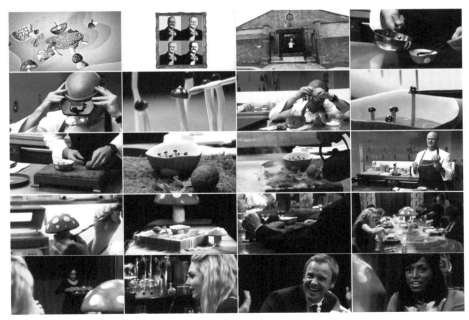

图 1-3

当"魔法蘑菇"被端上餐桌时，大家都被食物的可爱外表所吸引。服务员往藏有干冰的托盘倒上水后，烟雾涌出，菜肴披上了迷幻的色彩[1]。明星食客们纷纷惊叹，有一位歌剧演唱家甚至现场高歌。大家还没有开始品尝食物，情绪已被调动了起来。这时，一位金发美女吸了一口蘑菇的气体，奇怪的事情发生了：美女声音一转，发出了低沉的男声。这是因为主厨在蘑菇内充入的六氟化硫发生了作用[2]。其他人也纷纷尝试，现场气氛活跃，充满笑声。大家惊叹"魔法蘑菇"真的能产生魔法。（图 1-3）

视频点评：

众所周知，娱乐界的明星经常出席形形色色的社交活动，要获得他们的青睐并不容易。赫斯顿在设计他的菜肴时，除了使用到"分子料理"这样的非传统手段创造出如梦如幻的美食意境，更重要的是运用了心理学的方法。厨师不仅仅是一个做饭的人，而是从不同的角度为食客寻找一个吃饭的理由，创造出非凡的用餐体验。在一场宴会里，社交话题是非常重要的。视频中，主厨仅通过一道前菜，便把宴会的气氛调动起来，拉近了人与人之间的距离。

二、视频《赫斯顿的盛宴·查理的巧克力工厂》

本期节目的主题是"查理的巧克力工厂"。《查理的巧克力工厂》是以英国 60 年代为背景的一本儿童书籍，讲述一群小孩在获得"金色兑奖券"后，参观查理

扫描二维码，随身看视频

《赫斯顿的盛宴·查理的巧克力工厂》视频二维码

巧克力工厂的奇幻经历。书中描述了巧克力的河流、棉花糖树，还有可以舔着吃的墙纸。这种墙纸上绘有图案，舔上去的味道与图案中的食物相同。在现实生活中真实地还原这个故事情节，将是一件很酷的事情，因此主厨决意创造一

---

[1] 干冰遇水会出现冒白烟现象，这是因为干冰比水的温度低很多，所以遇水相当于将干冰加热。干冰吸热升华成气态，使水的温度降低，甚至结冰。

[2] 因为六氟化硫的密度大，使声带震动频率变低，声音传播速度变慢，因而比平常空气中的听起来低沉。

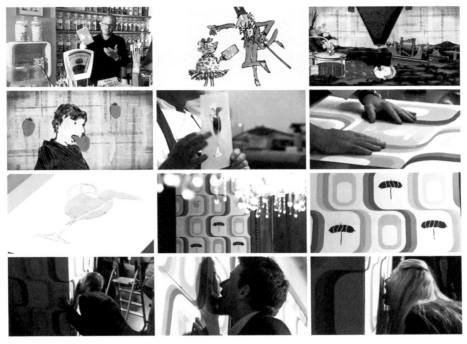

图 1-4

款可舔着吃的墙纸作为甜品。主厨选择了 5 个墙纸的图案，它们都是 60 年代家庭聚会的典型食品，包括鸡尾酒、香肠、苹果、凤梨和番茄罐头汤。主厨先把各种食品的味道用高速旋转的离心器分离出来，并涂在相应图形的透空卡纸上，一个色彩斑斓的"墙纸甜品"成型了，最后用特制的苹果胶水将其分别贴在墙面后便大功告成。

当食客们被告知需要舔着吃这款墙纸甜品时，大家兴奋雀跃。有的蹲着舔墙角上的凤梨，有的登上梯子舔门边上的番茄罐头汤，有的"稍显文雅"，用手指刮一点放嘴里含着吃，有的干脆像小孩一样无忌惮地吐着舌头舔着吃。（图 1-4）

视频点评：

我们看的虽然是美食栏目，但主厨更像是一位优秀的设计师。从菜肴本身的外观、味道、气味、声音、质感，再到与菜肴和食客的互动、客人之间的互动，都在主厨的考虑之中。更值得注意的是，到访的明星客人是收到如童话书中所描述的"金色兑奖券"作为邀请函来参加本次宴会的。（图 1-5）

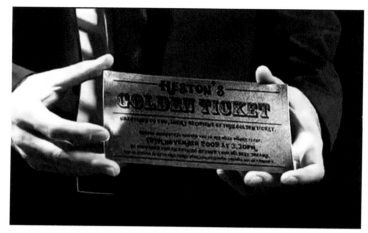

图 1-5

这两个视频带给我们的不是简单的设计汇报，而是经过精心设计的艺术表演。在接下来的课程中，此书会由浅入深地为同学们介绍设计汇报表达的各种方法。但请记住，正如视频中的主厨所做的那样，时刻站在对方的角度来准备个人的设计汇报表达是本课程最关注的基本原则。

三、本节小结：什么是演示汇报？什么是设计汇报？

演示汇报，源于英文单词中的"Presentation"，其中文意思是"报告""讲座"。但是，所有的这些解释都不能完全表达"Presentation"这个英语单词的含义。

Presentation 有以下几个特征：

◎ 是在同一时间向一群人表达或传递一个信息。与一对一的交流不同，演示汇报面对一群人。

◎ 可以是一场精彩的芭蕾舞表演，甚至可以是一次有趣的宴席。

◎ 不仅仅是为了传达信息那么简单，还需要一定的技巧增添题目的趣味性，让听众有兴趣听下去，相信它并对它充满热情。

设计汇报则是针对设计专业类别的一种演示汇报，它除了具有上述的基本特征以外，当然也带有专业性的要求，如在图形表达、逻辑布局等方面。

第二节　如何准备一次设计汇报？

演示汇报不成功的原因很多，通常大家只看到冰山一角。有的人仅仅认为是因为软件操作得不够熟练、缺少精美动画的配合，或者找不到漂亮的模版；有的人则能够更进一步地认识到是整个汇报存在逻辑和布局的问题。而最根本的原因在于，没有站在听众的角度去设计整个流程。

本书并不是一本教软件的书籍，因此，其目的不在于教授 PPT 软件技巧，而是希望教会大家从本质上去把握设计汇报的内涵。首先，我们从最基础的"简易三步法"开始。

一、第一步：设计汇报的核心要素——ASOT

ASOT 是 4 个英语单词的缩写：

（1）A（Audient），听众	谁是你的听众？
（2）S（Subject），主题	你的汇报主题是什么？
（3）O（Objective），目的	你的汇报目的是什么？
（4）T（Time），时间	你的汇报有多长时间？

1. 听众

听众是一次汇报的核心要素，要站在听众的角度去设计演示汇报。你对将要参与汇报的听众有多少了解？他们是谁？他们喜欢听什么？怎样才能吸引他们的注意力？怎样才能让他们记住我的演示？这些都是需要考虑的问题。

在一次公开讲座上，听众可能有着不同的知识背景，有专业的老师、同学，甚至还有领导和专家。每一位听众肯花时间、千里迢迢来听一场讲座是多么不容易啊！而他们每个人的期望值也可能会有所不同。只有了解你的听众，才能有的放矢。不然，再漂亮的 PPT，再动听的演说，听众也会觉得索然无味，并对内容无动于衷。

小贴士：
告诉我，我会忘记；
展示给我看，我会记得；
使我参与，我会更容易明白。
尽可能地让你的演示汇报与听众互动起来！

2. 主题

主题可以是多样化的，选择一个合适的、有趣的主题，需要花更多的心思。即使是同一个主题的演讲，也可以有多个版本的 PPT 和演示方法，针对不同的听众进行自由选择。

如一次偶然的机会，与朋友去参加一个医学活动。当时的一位演讲者在了解了听众的情况后，临时更改了演讲主题，其主要内容关于人体关节运动损伤的诊断和治疗。演讲者以一个生活细节——明星运动员的受伤场景引入，再讲到医学原理以及内窥镜下的微观情况。其发言既有专业精神，同时又深入浅出。

小贴士：
选择一个观众和你都感兴趣的题目，
选择一个可以用画面表达的题目。

3. 目标

目标要明确。在汇报前，你必须思考你的演示汇报要表达些什么，你希望听众有怎样的反应。你希望汇报结束后能达到一个怎样的效果？这些都是我们必须好好思考的问题。也许在汇报前可以跟你的团队成员好好聊聊，明确你们做这次演示汇报的目的。

在一般性的工作汇报中，目标很明确，就是向你的上级或同事展示你的工作进度或成果，但这只是最表层的目标。你希望你的上司或同事在听完你的汇报后做怎样的举措或表态，比方说你有更多的能力和设想希望获得上级的认同，希望增加某些资源的投入，或希望公司为你提供更多培训的机会等，这些才是你的深层目标。

在大学的设计汇报中，根据课程的进度与发展阶段，汇报的目的和内容也会有所不同。在我们接触的很多汇报中，同学们往往不了解老师要求的每周的设计汇报有何目的。有的同学甚至直接在每次汇报的后面叠加新的汇报页面来说明项目进度，结果 PPT 越做越长。如何更好地组织一个 PPT，牵涉到逻辑问题，但是最根本的还是要对课程每阶段的进度有足够的了解，明确学习目标。

除了明确个人的汇报目标外，演示者还需要了解听众的期望目标。如果双方的目标不一致，彼此对汇报内容的期望不同，将会大大地影响演示汇报的质量。

以一个 4 周的工业产品设计课程为例。（表 1-1）

表 1-1

课程进度	设计汇报的重点	汇报人的目标	听众（老师）的目标
第一周	围绕调研过程，运用了什么方法？运用了哪些记录手段？过程中遇到什么困难？发现了什么问题？	咨询老师调研方法是否合适，以及应如何改进调研方法。	检查同学的调研进度，检查其工作量是否足够，使用的方法是否合适。
第二周	重新陈述前一次调研发现的问题，进一步补充新发现的问题。如何分析这些问题，哪些是重点问题，哪些是次要问题？初步提出解决问题的方案。	咨询老师设计切入点是否正确。	把握方向性问题，考察学生是否能发现核心问题，是否能提出有创意的解决方法。
第三周	如何深化产品设计的解决方案？草图推演过程，效果图和细节的展示，以及产品的使用方式是怎样的？	咨询老师产品设计的形态与细节。	产品是否符合功能与美学，使用是否合理？
课程结题汇报	以简洁的方式重述整个课题过程，包括调研方法、发现问题、提出解决方案等。	如果你对个人的设计结果并不是太满意，可以更多地展示前期的调研过程和发现；如果你对最后成果更有信心，可以呈现更多的设计细节，以展示个人的创意与设计能力。	设计过程与设计结果同等重要，请不要忽视任何一个方面。希望让每位第一次参与的听众都能了解整个设计过程与结果。

4. 时间

时间是有限的，时间也是相对的。一场妙趣横生的演示汇报，听众会觉得时间太短；但一场无趣沉闷的演讲，却让人仿佛能听到秒表在耳边滴答滴答地反复作响。还记得开学典礼上校长的简短发言结束后，同学们的掌声有多么热烈吗？

商业设计汇报中，越是高层的决策人，他的时间就越宝贵。著名平面设计师陈幼坚先生面对最挑剔的香港富豪，能在 20 分钟内完成一场涉及几百万设计费的设计汇报。在笔者所参与过的几个商业计划书竞赛中，演讲者往往只有 5 分钟的陈述时间，来争夺价值 5 万美金的投资基金。

在笔者 10 年前投身艺术教育事业的试讲课上，每位老师只有 10 分钟来陈述上课的主要内容。时间一到，无论你是哪个专业的老师，都必须停止，没有一点情面可以讲。同样，在设计汇报课程中，我们也要求学生们必须在 3—5 分钟内完成每次设计汇报。

二、第二步：如何组织你的素材？

每一次成功的设计汇报，涉及结构、逻辑关系和汇报重点这三大问题，也就是说：

◎ 你的设计汇报有几页？

◎ 每页有些什么内容？这页内容是否必要，是否可以省去？

◎ 每页花多少时间去讲？

◎ 每页之间的关系是什么？哪页放前面，哪页放后面？

◎ 本次汇报的重点在哪里？

比如，一个 5 分钟的设计汇报，共有时间 300 秒。在此我们必须精确到以"秒"为计算单位。如果你的 PPT 有 100 页，那么每一页只有 3 秒时间，这是不太可能也非常不合理的。如果你的 PPT 有 30 页，每页时间为 10 秒。你可以试试 10 秒钟大概能说多少东西，估计是 2 个完整的句子左右。

当把事前准备好的全部素材丢进 PPT 中以后，首先要做的是把 PPT 控制在 30 页以内。以客观并带有批判性的目光审视每个页面，看看页面中的内容是否过多或过少，哪些页面可以省去，哪些页面可以合并。比如说，是否真的需要一个目录页，还是节省出这个页面来放其他内容？

1. 10–20–30 的原则

这里给大家讲个小故事。一名日本风险投资商，经常要整天地看商业计划书、听商业演示汇报。他曾痛苦地说，每天在昏暗的房间里听那些自鸣得意的创业者汇报他们的方案十分折磨人。于是他给所有前来演示汇报的创业家规定了一个"10–20–30"的原则：

◎ 不超过 10 页的 PPT 演示；

◎ 不超过 20 分钟的汇报展示，尽管你被告知有一个小时的时间；

◎ 字体不小于 30 号字。

此原则的第一点是 10 个页面的 PPT，这可以保证你在每个页面中有足够的停留时间做充分的展开陈述。而频繁地翻页会让听众分神去看，没有时间关注你要陈述的内容。过多的闪烁与动画往往容易产生错误，化繁为简，可以提升页面信息的有效性。

第二点又回到了时间问题上。演示汇报除了演讲者要讲述、展示之外，还有另外一个目的，就是与听众交流。如果演讲者把所有汇报的时间都用完了，听众便失去了与其深入交流的机会。另外，在外出汇报时，往往会出现一些技术问题，如投影仪、PPT 版本等问题，常需要 10—20 分钟去解决这些意外插曲，而这有可能也计算在你的汇报时间内。

最后一点关于字体的大小问题，即展示画面的显示问题。这里需要补充的是应特别注意字体的色彩和对比度。字体过小，密布在整个屏幕上，观众无法看清。在白色的背景上用草绿色的字体，色弱者看上去基本上是一片亮光；而对比度过低，也不利于远处的观众看清。这些问题在我们每一个班级的课程中都反复出现，是大家都应关注的细节。

以上的"10–20–30"的原则，可能对学艺术设计的同学来说有点苛刻，却会令整个汇报过程简洁有力、更富感染性。

2. 逻辑关系

当你有 10 页的 PPT 时，每页之间的逻辑关系应是怎样的呢？这个问题我们将会在第二章中作深入的探讨。在本章节中，我们主要介绍两种比较常见的设计汇报逻辑关系。

第一种是以倒三角形来呈现的"层层推进法"（图 1–6）。其过程如右页图表所示。

这种结构比较适合项目或者课程的首次汇报，必须强调的要点有二：一是设计汇报的第一页和汇报人所要陈述的第一句话应为"我设计的是……"。无论你设计的是一辆"会飞的自行车"，还是一个"万能遥控器"，请务必在第一句话中明确你的设计主题和范畴。现实中我们经常遇到的情况是，学生在演讲台上说了 5 分钟后，最后老师问他，那你究竟要设计什么？一个失败的设计汇报，可能从第一句话开始就已经注定了。二是强调总结部分。作为一个三角

图 1-6

表 1-2

（1）先对设计调研的背景进行整体概述（Background）
◎ 设计主题"我设计的是……"
◎ 项目背景
"本设计针对……的用户人群 / 使用环境"
"设计调研的范围包括……（用户、使用环境、同类产品……）"
◎ 调研方法
"我所使用的调研方法主要为……
（观察法、深度访谈、网上二手资料收集、街头问卷调查……）"

（2）对设计调研中的发现和细节进行描述（Findings）
"通过设计调研我们有以下发现……"
◎ 发现 1……
◎ 发现 2……
◎ 发现 3……

（3）总结和下一步（Conclusion and Next Step）
"我们设计的方向是……下一步要做……"

形的顶点，我们需要知道一个设计汇报的成果是什么，汇报人的个人判断和分析结果又是怎样，是否与调研过程一致，是否能为下一阶段产品设计的展开提供可供参考的思路。在我们指导的多次课程中，学生的设计汇报通常只有数据收集而没有数据分析，或者解决方案与调研发现没有任何关系。这种失败的设计汇报往往只是为了完成作业而做的汇报。如果在商业汇报中，不能把客户直接引导到你的思路上做出选择，那么之前的所有调研都白费工夫。

第二种逻辑关系是以正三角形呈现的"开门见山法"，其过程如下图 1-7 所示。

图 1-7

表 1-3

（1）先对设计进行整体描述 ◎ 设计主题 "我设计的是……"（先提出解决方案） ◎ 项目背景 "本设计针对……的用户人群"， "本设计基于……新技术"， "本设计是为了解决…..问题或现象" ◎ "我的设计主张是……"
（2）展开设计细节 "我是怎样考虑这个问题的"，或"本设计的主要特点是"，每一个设计细节是怎样解决上述的问题的： ◎ 考虑因素 1……　　　　　　特点 1…… ◎ 考虑因素 2……　　　　　　特点 2….. ◎ 考虑因素 3……　　　　　　特点 3…….

这种逻辑结构特别适合项目或课题结题的设计汇报。此种汇报通常时间短，听众已经对将要汇报的项目有所了解，希望尽快了解细节。此时设计汇报的目标已经不是获得老师更多的指导，而是在展示方案的完整度。

三、第三步：设计一个合理的版面

◎ 设计导读系统（网站 / 报纸）

◎ 合理运用图片的视觉化效果

◎ 设计一些小图标

◎ 引用数据、理论（一定要标明出处）

◎ 注意字体的选择，考虑字体样式与大小、色彩对比度、疏密程度等

设计汇报的版面设计忌花哨，简单合理最好。首先，设计版面时需要一个导读系统，就像报纸或网站都会用导读系统来告诉读者这个汇报的大致结构，如目前讲到什么位置、下一个要讲什么、什么时候会结束等。有些同学误以为导读系统就是目录，其实导读系统的呈现方式可以十分多样化，如可以通过颜色来区分，也可以通过图标、数字来提示。本书第四章会对此作详细介绍。

关于图片的应用，我们有说不尽的话题。在大部分时候，一张好的图片可以生动、直观地阐明问题。作为艺术与设计专业的同学，图片应用和版面设计应成为我们的优势。如何最大限度地发挥我们在视觉上的特长，也是本书的重点。在接下在的第三、第四和第五章中，我们都将用较大的篇幅来展开说明。

四、第四步：预演

当按以上三个步骤完成 PPT 后，请记得花点时间进行预演。自己对着屏幕预演，在团队或朋友面前预演，提早来到汇报现场进行预演等，这些都能为你的演示增加成功的筹码。

笔者就曾经有过这样一次经验教训。多年前在国外求学时，由于英语不够

流利，不习惯全英语的设计汇报，于是花了大量时间做了一段动画，以增加现场互动，减少自己的发言时间。但由于忘记在组长的苹果电脑上预演一遍，现场才发现苹果电脑不能播放笔者做的动画，其结果可想而知。没有预演，你之前做的所有准备工作都有可能功亏一篑。

第三节　课堂练习与作业案例

一、课堂练习

课程结束之前，与同学们玩 1 个小游戏《猜猜看》。

游戏玩法：

每两个人一组，一个人（A 君）背向投影坐，另一个人（B 君）和其他所有人都可以看到大屏幕上的词组。B 君对屏幕上的词组进行口头描述，但不能提及该词组中的任何一个字，也不能用近义词、英语等方式表达，A 君负责猜。最后猜对词组最多的小组胜出。

练习：

第一组的词汇：候车亭、花坛、微波炉、滑梯。

第二组的词汇：太阳能路灯、喷水池、空中运输飞机、蜥蜴。

图 1-8

第三组的词汇：滚筒洗衣机、烟囱、滑浪风帆、黄瓜。

游戏中最常见的情况是，B 君指手画脚地描述，急得像热锅上的蚂蚁，但 A 君根本就猜不出他所描述的是什么词语。让我们来看看究竟出了什么问题，是 B 君的表述有问题，还是 A 君真的如此"笨"。（图 1–8）

一起来听听两位扮演 B 君的同学的描述：

第一个词

学校门口那边有的。回家的时候需要的。你会在那边等待。等……等……等……那个你回家的工具。是一个用来等待的地方，有遮挡的。用于等待这个交通工具的什么什么……（猜猜是什么）[3]

第二个词

小时候我们也玩过，一般是那种大笨象的形式，小孩子从上面"嗞"的下落的，有一个位移，有一个高度，你玩过的，小朋友喜欢玩的……（猜猜是什么）[4]

老师点评：

刚才两位同学在描述的时候，用了至少 5 到 6 句话，而其实很多描述都是无效的，用不了这么多语言。大家有没有发现，在 B 君进行描述的时候，A 君在问："这是一个玩具吗？"（当然这个游戏中 A 君是不能问问题的）一般来说，当我们描述一个物品时多用先总后分的描述方式。如先说明这个物品或者这个词汇的范畴，它是公共设施，还是一件别的什么类别的物体。然后再进入细节描述，如外形、功能部件等。这不仅仅是语言问题，也是逻辑问题。

这种逻辑问题经常在学生中发生，原因可能跟我们的母语——中文的使用习惯有关。记得多年前在新东方的课程里，笔者的英语老师就曾分享过中英语在逻辑语序上的不同。如在中文中我们会这么描述，这是一个黑白相间的、形态优美的瓶子。我们会把所有形容词都加在这个"瓶子"的前面，最后才说明

---

[3] 谜底是候车亭。
[4] 谜底是滑梯。

是什么物体。而在英语里面会说："This is a bottle with beautiful shape, black and white straight pattern（这个瓶子有着优美的形态和黑白相间的花纹）。"因此，以中文为母语的同学们，在这个游戏中必须要更有意识地去改变语言逻辑习惯，明晰逻辑表达。

游戏目的：

我们发现，越是熟悉的物品或者事情，就越难被描述清楚。作为一名设计师，我们经常需要为其他同学、客户或合作伙伴描述一件产品，如果没有图片辅助，或只能以电话、网络聊天的方式进行交流时，如何能描述得更有效、更清晰、更简洁呢？因此这不仅仅是一个游戏，也是一个对设计物品进行表述的练习。

二、课后作业与点评

1. 以"自我介绍"为主题，结合本章节内容，完成一个迷你版的 Pecha Kucha。

Pecha Kucha 活动规则介绍：

"Pecha Kucha"在日文中是沟通、聊天的意思。Pecha Kucha 是由 Klein Dytham 建筑事务所的合伙人 Astrid Klein 与 Mark Dytham 于 2003 年创建的一个活动，其目的是为年经设计师提供一个聚会、交流和展示自己作品的机会。Pecha Kucha 创立的一套系统，可以让设计师报名介绍自己的作品，但是每位设计师只能播放 20 张图片，每张图片只能用少于 20 秒来进行解说，所以，一个人只有 6 分钟 40 秒的上台演讲时间，这个做法可以让介绍作品的人更加高效，确保听众不会无聊，而且能让更多人参与其中。Pecha Kucha 的出现让设计师们有更多的机会在大众面前展示自己。不论是流行的趋势、艺术、设计作品，或者平时的创意，甚至是日常生活中发现的有趣事物等，都可以在 Pecha Kucha 上与人分享。在短短 3 年多的时间里，这项活动已经在全球 32 个城市，包括东京、纽约、旧金山、伦敦、悉尼、柏林、上海、台北、广州等地举办。目前广州地区的 Pecha Kucha 由建筑杂志《绿色之春》《城市画报》和犀艺廊长期开展。

作业要求：

（1）结合本章节中所学的内容，运用"简易三步法"来做自我介绍。请选择合适的主题展开，千万不要做成"个人简历"式的笼统介绍。

（2）由于时间的限制，只能做一个迷你版的 Pecha Kucha，每个同学只有10张图片，每张图片有20秒讲述时间，每人共有3分钟20秒，现场有同学计时。

（3）请在准备演示汇报时，想一想怎样使你的汇报更有趣，在同学和老师面前展示不一样的自己，令人印象深刻。

作业提交方式：

由于课堂上时间有限，只会邀请10位同学进行汇报分享，同学们可主动报名。现场还会有一些互动环节，如老师和同学可以进行点评，现场会有录像。未能在现场分享的同学，需要下课后自己按照课堂的点评和要求，修改个人介绍，录制成视频提交给老师。

2. 部分作业点评

作业一：手绘自我（周瑞娟，图1-9）

这是一位非常喜欢插画的同学，她使用了原创的插画来介绍自己，可以看出这是一名具有幽默感且略带害羞、喜欢画画的同学。

图1-9

作业二：色彩生活（郑冰，图 1-10）

该同学以抽象的色彩来描述她的生活，包括童年家人的色彩，中学时代的色彩，大学同班同学中每个人的色彩，喜欢的书本和属于自己的色彩，反映出这位同学对色彩设计的热爱，以及较强的逻辑思维能力。

图 1-10

作业三：传说中的 426 宿舍（黎晓珠，图 1-11）

这是一份非常具有想象力的自我介绍。故事从 426 宿舍的一场命案开始，通过死者床上、工作桌上的各种蛛丝马迹揭示出死者的生活习惯、个性和爱好。当然，此作业在画面美观上有所欠缺，但作者用讲故事的方式进行自我介绍，确实令人印象深刻。

图 1-11

本章小结

一次成功的设计汇报的关键，不在于运用各种设计技巧，而在于如何从听众的角度出发来思考问题。开动脑筋思考听众的期待和个人的期待，再运用合理的逻辑结构和时间分配来完成整个设计汇报。作为一名设计师，需要用有创意的设计汇报方式来传递好的创意和产品概念，改变传统观念是第一步，也是最重要的一步。

关键词

　　设计汇报，听众，目标，时间，逻辑

思考题

　　1. 请思考一下应该如何描述课堂练习中出现的三组词汇。

　　2. 自选一个有趣的题目，做成正式版的 Pecha Kucha，并在班级里组织一次分享会。

推荐阅读

　　张志、刘俊、包翔:《说服力：工作型 PPT 该这样做》，人民邮电出版社，2011 年。

常规逻辑结构与资料归类方法

内容摘要：本章重点介绍设计汇报中的逻辑结构。培养学生的逻辑思维应从归类、分析和整理开始。在设计汇报中常用的两种逻辑模式为归纳和演绎，也就是我们在第一章节中提到的"开门见山"和"层层推进"两种主要结构。

人们通过已知的条件或表象，得出正确的结论的过程，我们称为逻辑思维。在逻辑思维中，通常要用到概念、判断、假设、推理等思维形式和比较、分析、综合、抽象、概括等思维方法。在第一章的设计汇报概述中，我们反复提到了逻辑结构的重要性。

设计汇报的逻辑结构主要有演绎和归纳，也就是我们在第一章节中提到的"层层推进"和"开门见山"两种主要结构。有效的逻辑结构就像一名好的向导，它能够指引观众在观看设计汇报时知道先看什么、后看什么，明晰重点、忽略不必要的信息，以到达理想的目的地。

在每次的课程中，老师都会布置作业，如让学生调研和收集资料。而调研的时间越长，收集的资料越多，同学就会遇到越多的问题。比如，如何处理大量的资料？这些资料对最后的设计方案有什么帮助？既然没有帮助，我们为何不能不做调研，直接出设计方案呢？

笔者的回答是："你需要学会先对资料进行归类、分析与整理。"

第一节 设计资料的归类、分析与整理

根据事物的共同性与差异性，可以把事物进行分类，把具有相同属性的事物归入一类，具有不同属性的事物归入不同的类别。

认真研究收集到的所有材料之间的关系（流程、数字、因果、障碍、趋势、时间关系等），研究这些材料是否能够成为支持设计汇报的论点，对达成汇报目的是否有利。

归类是人类逻辑思维的重要部分。我们观察 3 岁左右的小孩子，会发现他们已经拥有归类能力。如他们收拾玩具的时候，能够准确地把芭比娃娃、芭比的衣服、鞋袋、镜子等物品放在一起，其分类依据是一种"从属关系"。他们也会把不同大小的乐高积木放在一起，这时，他们的分类依据就是"形状相似关系"。

一、同样的素材，不同的归类方法

这是一份来自广州美术学院工业设计工作室的对无印良品（Muji，图 2-1）产品线进行归类调研的报告，显然，这是根据产品功能进行的分类。在其归类下，无印良品产品线形成了一个 3 层级的逻辑结构（图 2-2）。而从材质入手，我们也可以对其产品线进行归类（图 2-3、图 2-4）。

图 2-1

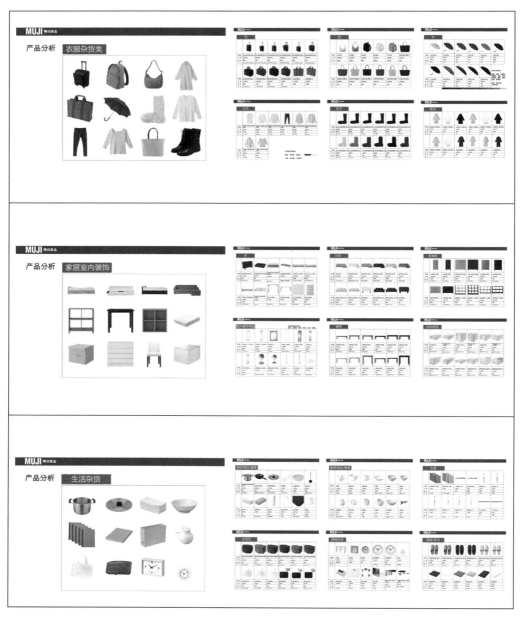

图 2-2

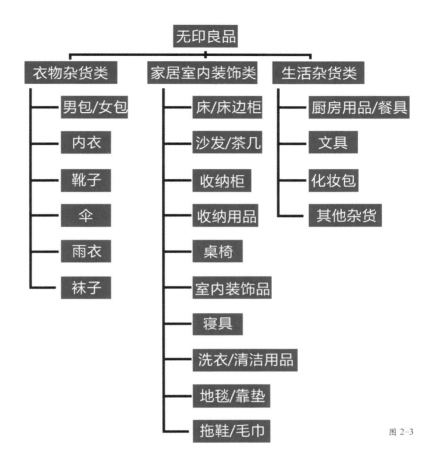

图 2-3

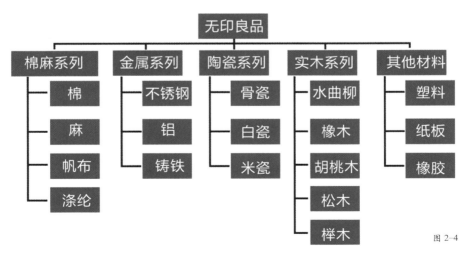

图 2-4

　　我们还可以从色彩入手对其产品线进行归类（图 2–5），或按产品的使用空间、产品风格、开发时间、产品价格等来归类。对于某一具体场合，往往存在着最佳的归类方案，这时需要我们根据整个设计汇报的目标去选择合适的归类角度。

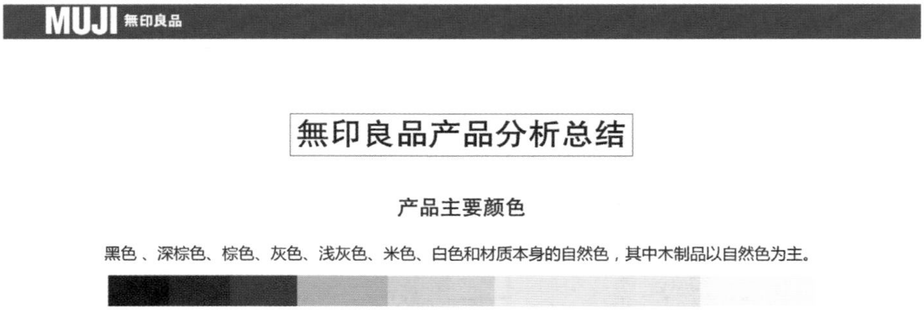

MUJI 無印良品

無印良品产品分析总结

产品主要颜色

黑色、深棕色、棕色、灰色、浅灰色、米色、白色和材质本身的自然色，其中木制品以自然色为主。

图 2–5

二、资料归类的目的与应用

　　我们每位同学都拥有归类的能力，只是在更多的情况下不懂得如何去合理地使用它。而选择好的、恰当的分类标准，可以促使我们发现重要的规律和关键点，从而做出准确的市场定位。

1. 大数据的应用——美剧《纸牌屋》的案例分析

　　时下最火的一部美剧无疑是《纸牌屋》（图 2–6）。这是一部美国政治题材电视剧，改编自 1991 年英国广播公司首播的同名剧集。自 2013 年 2 月 1 日正式上线以来，《纸牌屋》为出品方兼播放平台 Netflix 在一季度赢得超过 300 万用户，第一季财报公布后股价狂飙 26%，达到每股 217 美元，是去年 8 月的低谷价格的三倍之多。这一切都并非偶然。《纸牌屋》营销方从 3000 万付费用户的收视习惯中总结数据，并根据用户的喜好来进行创作。

　　《纸牌屋》的数据库包含了 3000 万用户的收视习惯、400 万条评论、300 万次主题搜索。最终，拍什么（政治）、谁来拍（导演）、谁来演（男女主角）、怎么播（剧情），都根据数千万观众的喜好做客观统计，从而做出相应的对策。从受众洞察、受众定位、受众接触到受众转化，其中每一步都有精准、细致、

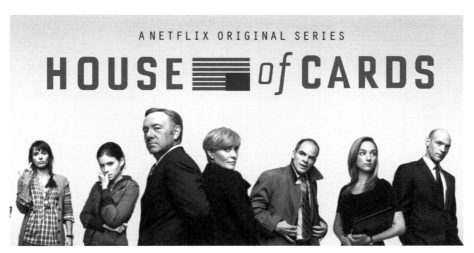

图 2-6

高效的数据来做引导，切实做到由用户需求决定生产。[1]

2. 比较法——某玩具品牌产品线规划的案例分析

挖掘大数据的成本相当高。而在实际商业调研中，我们常配合使用分类与比较两种方法。比较法就是比较两个或两类事物的共同点和差异点，从而更好地认识事物的本质。下文案例来自某品牌的新产品开发调研报告。

项目背景：

某品牌是长期从事充气类玩具的出口制造商，有很好的生产制造能力，但是由于不熟悉国外市场的情况，一直未能独立开发合适的玩具产品。如何以低成本了解国外市场的需求情况呢？我们提供了一个简单的分析方法：研究目前世界上两大充气类玩具竞争对手 Intex 和 Bestway 的产品手册，以及两大网购电商平台亚马逊（Amamzon.com）和玩具反斗城（toysrus.com）充气类产品的网络销售排名。

具体操作过程：

第一步，我们根据充气类产品的一些基本标准制成一个分类表。横坐标是

---

[1] 数据与材料来源于中国领先的科技新媒体 36 氪（36Kr.com）:《Netflix 是如何用大数据捧火《纸牌屋》的》，2013 年。

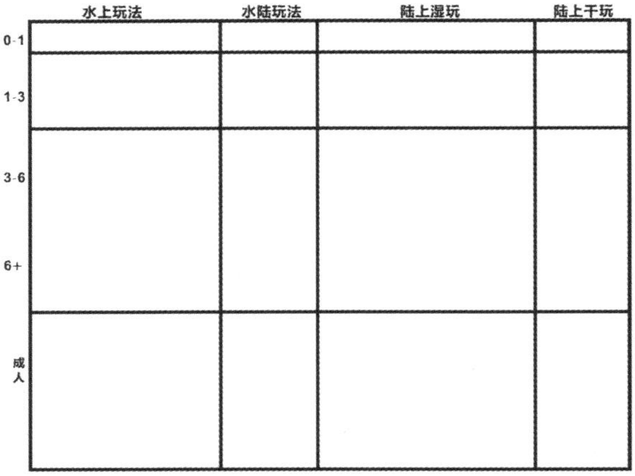

	水上玩法	水陆玩法	陆上湿玩	陆上干玩
0-1				
1-3				
3-6				
6+				
成人				

图 2-7

产品的使用功能，如水上玩法、水陆玩法、陆上玩法、陆上干玩，纵坐标按使用者的年龄划分，如 0—1 岁、1—3 岁、3—6 岁、6 岁以上儿童和成年。（图 2-7）

第二步，我们把这两个品牌的产品按以上标准进行归类，将其放在上述分类表中，分别统计每个类别的产品数量，以及新增的产品数量。我们发现在 2010 年 Intex 的 221 件产品中：

◎ 3—6 岁和 6 岁以上儿童水上玩法的产品占水上玩法产品线的 51%，新产品开发比例也相当高，占当年水上玩法所有新品的 79%；

◎ 3—6 岁的儿童水池占陆上湿玩产品的 60%；

◎ 3—6 岁的陆上干玩型产品占陆上干玩型产品总数的 85%。

Bestway 2010 年的产品手册也表现出类似的特征，在其 347 件产品中：

◎ 3—6 岁和 6 岁以上儿童水上玩法的产品占产品的 54%，新产品开发占当年水上玩法新品的 37.5%；

◎ 3—6 岁的陆上湿玩型产品占陆上湿玩产品的 68%，新产品占当年陆上湿玩新产品的 70%；

◎ 3—6 岁的陆上干玩型产品占陆上干玩型产品总数的 63%。

结论：

这两个品牌的产品手册给我们的启发是，3—6 岁和 6 岁以上的儿童产品是今后发展的主要市场。其中，水上玩水型产品已经发展得非常成熟，竞争十分激烈，而 3—6 岁的儿童产品有较大的潜在市场。结合该品牌的产品现状，以及品牌的发展策略，我们给其提供了以下产品发展的规划建议（若仍只在陆上玩法产品上发展）：

◎ 进一步开发少量的婴儿水池；

◎ 大量开发 3—6 岁儿童水池和滑道产品；

◎ 尝试开发家庭水池，但需要控制好成本；

◎ 开发更多样化的陆上干玩型产品。

第二节 设计汇报的两种常规逻辑结构

一、设计调研报告常规格式

此处以《老年人休闲旅行包设计》的调研报告为例，详细分析"层层推进"这种逻辑结构如何应用在设计调研中。（图 2–8、表 2–1 ）

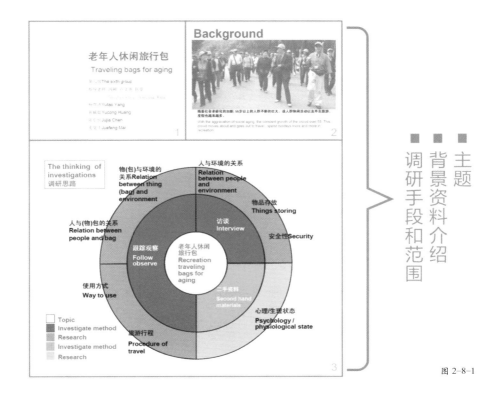

图 2–8–1

图 2-8-2

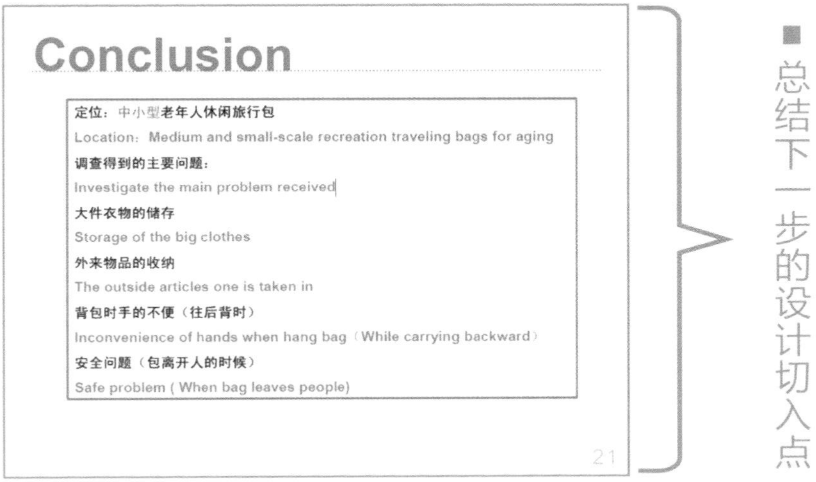

图 2-8-3

表 2-1

页面	讲述内容	注意事项
1	大家好，我们小组的调研题目是《老年人休闲旅行包设计》。	主题要放在封面。
2	为什么要研究这个题目？我国已进入人口老龄化阶段，55 岁以上的人群逐渐壮大。该人群外出旅游、度假活动也越来越多。	采用提问法，进入项目背景介绍。
3	本调研的思路和范围如下表。主要采用二手资料与一手资料相结合的方式。首先通过二手资料了解老年人的生理和心理需求；其次通过跟踪观察和访谈的方式，从人与物（包）、物（包）与环境、人与环境的关系进行调研。调研的重点包括使用方式、物品存放和安全性等问题。	整体介绍调研范围和方法。
4	通过二手资料调研，我们发现老年人的衰退现象主要表现在关节的患病情况比较严重，据资料显示，其患病率达到 80%。特别是受到膝关节问题的困扰，这对爬山等户外活动有较大的影响。另外，老年人提东西的重量不宜超过 3 公斤。	补充更多数据，运用图表视觉化方式，注明二手资料的来源。

（续表）

5	老年人的心理因素是我们需要考虑的重要因素。我们发现，许多老年人不愿待在家里，渴望外出活动并进行交流。积极参与文体活动和旅游活动是老年人减轻孤独感，排除寂寞的重要途径。	
6	通过二手资料我们有以下 5 点发现： ◎ 老年人关节发病率高； ◎ 不宜携带过重的物品； ◎ 对气候的适应能力差； ◎ 孤独感和衰老感显著； ◎ 渴望理解和交流。	
7	我们还联系了一个一日游的老年人旅行团，跟随几名老年人亲历整个旅行过程。本图表讲述了我们旅游的整个行程。首先从出发前的准备工作中，我们观察老年人如何收拾他们包袋里的物品。在路途中，我们观察老年人在车厢内的活动情况。到达目的地后，老年人分散活动，最后满载而归。	叙述一手资料的获得方式，在此可以趁机抒发一个人情绪和调研心得，与听众产生共鸣。
8—9	这是我们观察到的老年人使用背包的方式，主要分为两种：左边的图片是老年人把双肩包放在前面；右边的图片是单肩背法。第一种背法，老年人主要是为了方便拿取物品，同时保证包内物品的安全。第二种背法，是为了方便卸下背包，方便临时移动。相对于双肩后背法，它的动作幅度较小，更适合老年人。	
10—11	这组图片关于物（包）与老年人的关系，我们发现老年人喜欢在背包上外挂各种物件。如老年人会把暂时不用的东西绑在包上，也把衣服、汗巾挂在包上。而且通常他们使用的背包都不够大，无法容纳他们随身携带的东西。	
12—13	这组图片主要显示老年人在户外的活动情况。户外活动后，老年人会出汗，经常需要增添衣物。另外，老年人体力不足，随时需要休息。我们发现： ◎ 老年人常随身携带较多衣物，以防天气变化； ◎ 脱下的衣物没有地方存放，通常绑在身上； ◎ 会使用衣物垫在凳子上，防冻； ◎ 会使用报纸垫在地上或花坛上，防脏。	

（续表）

14—15	这组图片关于物（包）与环境的关系。老年人活动时，背包通常会被集中放置在一起，产生一种联合防卫的效应。在车上因为行李架太高，不方便取物品，老年人也很少使用行李架。	
16—18	老年人的背包内是如何存放物品的呢？一般都放置一些什么物品呢？ 我们分别访问了 2 名老年人：69 岁的退休工人杜先生，55 岁的黄女士。我们邀请老年人打开其背包，与我们分享包内的物品。杜先生包里装有 250ml 水、收音机、250g 食品、报纸、手机、药物、老年人证、雨伞、眼镜、钥匙和 2 件衣物。黄女士表示在长途旅行中会使用背包，但是短途的旅行会用斜挎包，包内装有水、小吃、药、止血贴、雨伞、纸巾、手机、老年人证和钥匙。我们发现，老年人的包里主要放衣物、食品和水。物品会分类存放，贵重物品放在包内的暗格里面。老年人证、钥匙、药品则放在最易拿取的地方。	
19—20	老年人如何解决背包物品安全性的问题呢？从这组图片我们大概可以看到，他们会把手机用绳子系在包上，集体活动时会将包堆放在一起，把背包挂在胸前，将贵重物品存放在包的最里层。	
21	调研总结：应把设计重点放在中小型的老年人休闲旅行包的改良设计上。 设计改良主要解决以下 4 个问题： ◎ 大件衣物的存放问题，是否需要增加背包的扩展结构； ◎ 其他物品的收纳，如报纸、水、食品等； ◎ 双肩背包可以解决背负问题，但是向后背的动作幅度大，不适合老年人，也不方便旅行中临时取物品； ◎ 解决背包与人分开后的安全问题。	总结产品下一步的设计定位，细化设计的切入点。

二、设计总结汇报常规格式

接下来，我们将以《整体厨房系统设计》的总结汇报为例，详细分析"开门见山"这种逻辑结构如何应用在设计方案表述中。（图 2-9、表 2-2）

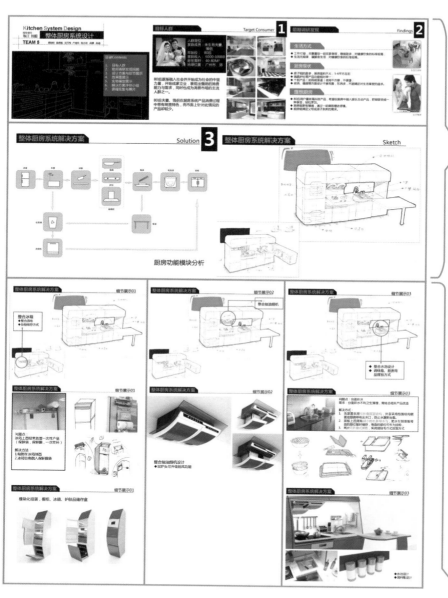

图 2–9–1

主题

背景／目标人群

回顾前期调研发现

提出解决方案

展示解决方案的各个细节，说明为什么要这样设计

细节1是针对什么问题的，展示改进后的细节

细节2是针对什么问题的，展示改进后的细节

细节3是针对什么问题的，展示改进后的细节

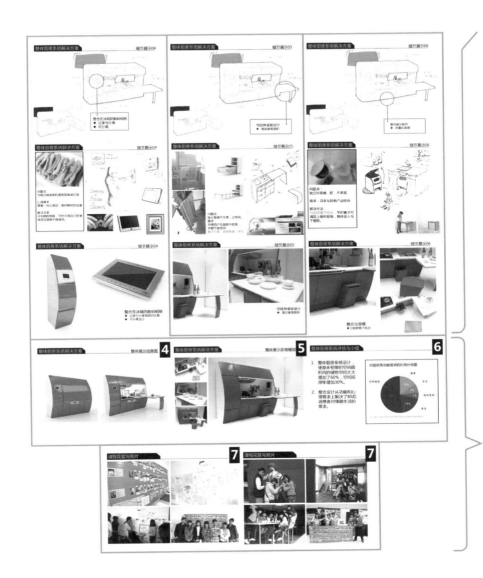

图 2-9-2

表 2-2

页面	讲述内容	注意事项
1	大家好，今天我们小组为大家带来一个整体厨房系统的设计方案。本次设计汇报包括以下 7 个部分：目标人群定位，前期调研发现，具体解决方案，细节展示，设计效果图，实物模型，以及部分课程花絮。	明确设计主题和目录。
2	本设计的目标人群是居住在 40—80 平方米小户型空间的 80 后年轻夫妇或情侣。通过考察相关的橱柜卖场和实地拜访 3 对情侣，可以轻易地发现 80 后人群已经逐渐融入社会并开始成为社会的中坚力量。	明确目标人群，说明调研过程。
3.	他们的生活方式很特别：工作忙碌，偏爱夜生活，对健康饮食的要求很高。而目前的厨房状态有着诸多的不完善，不能满足 80 后对生活享受的追求。80 后消费者希望在厨房中融入高科技产品和娱乐互动产品，把烹饪变成一种享受，让厨房更有情调。	回顾调研发现。
4	我们提出了整体厨房系统的设计方案，把不同的功能模块，如冰箱、水槽、垃圾桶、洗碗机、灶台、橱柜、餐桌等按一定的逻辑顺序结合在一起。	提出解决方案。
5	图中是我们的初步草图，使厨房更产品化和家具化。	
6—8	本解决方案包括有 6 个重要的特点。首先是整合冰箱模块，使其拥有杂物储存功能。这主要是针对目前冰箱内外杂物多，缺乏合理存放空间的问题而设计的。改进后的冰箱模块整合了橱柜、冰箱、酒柜、护肤品存储盒，以及其他储物功能。	针对第一个问题点的设计细节。
9—10	第二点是抽油烟机设计。针对目前抽油烟机的功效问题，提出双头可单独升降收合的抽风设计。此图为我们的最终效果图。	针对第二个问题点的设计细节。
11—13	第三点是整合水槽模块的设计。在前期调研中，我们发现橱柜桌面存在积水、备菜空间不足等问题。解决的方式为采用可折叠的双重结构洗菜篮，在切菜用的砧板四周设计一些漏水引水的孔槽，甚至是可折叠式菜板。此图为细节的展示。另外还有带磁性的调味瓶设计。	针对第三个问题点的设计细节。
14—16	第四点是整合冰箱上的数码相册。80 后消费者希望记录和分享每次烹饪的菜肴，我们为整体厨房引入带有摄像镜头的数码相框，平时也可以把自己的菜谱放在厨房中做装饰。数码相册采用可分离式设计。	针对第四个问题点的设计细节。
17—19	第五点是扩展桌面的整合模块。在调研中，我们发现用户多配有独立的折叠桌面，不美观也不方便。本设计采用滑盖式结构，桌面平时呈收合状态，起到防尘清洁作用。在开启后可以成为扩展的桌面。	针对第五个问题点的设计细节。

（续表）

20—22	第六点是整合配件模块。我们发现厨房的垃圾桶存在很大问题，如收纳不方便、脏、不美观。我们的设想是把垃圾箱与厨房凳相结合。厨房凳主要是满足高处取物的需求，也可以隐藏垃圾箱。	针对第六个问题点的设计细节。
23	此图是整体厨房系统的收合状态与使用状态的效果图。	
24	此图是本小组完成的缩小版的实物模型照片。	
25	本解决方案重点解决了原来储物空间分布不合理的问题，在相同的厨房空间内，储物空间大大增加了 60%，空间实用率增加 30%。同时整合设计从功能和心理需求上解决了 80 后消费者对生活情趣的需求。	小结本解决方案是如何解决问题的。
26—27	本课程让我们学到了很多东西，特别是在面对多个复杂问题时如何进行分类和筛选，评估各种问题的主次关系，同时也让我们认识到团队的力量。	

第三节　课堂练习与作业案例

一、课堂练习：《写写画画》

课程结束之前，与同学们玩一个小游戏《写写画画》。

游戏玩法：

每两个人一组，一个人（A 君）根据提供的照片展开详细的描述。另一个人（B 君）根据 A 君的描述，在投影仪上画出相应的图形。画得最接近图片的小组取得成功。

以下是我们提供的 4 张游戏用的图片，分别来自大师们的经典设计，包括凯瑞姆·瑞席（Karim Rashid）的灯具、无印良品的挂墙式 CD 播放器、维奈·潘顿（Verner Panton）的椅子、菲利普·斯塔克（Philippe Starck）的榨汁机。（图 2–10）

下面的视频截图来自于我们课题游戏的视频实录（图 2–11）。现场邀请了两名女生负责描述菲利普·斯塔克的榨汁机图片，两名女生绘画。在游戏的前

图 2-10

3分钟，情况非常混乱，描述者甚至慌忙地尝试用身体语言来表达。她们的描述是这样的：有三只脚，像一个叉一样，像树枝一样，像你的炜炜（玩具）那样。上面像一个气球那样。脚上去一点，下去一点……

接着有两位男同学上来帮忙。他们的描述是这样的：这是来自菲利普·斯塔克的一个非常经典的设计，你有听说过这个设计师吗？（负责绘画的同学摇摇头表示不知道）上面是一个长一点的形状，有点像橄榄球。三只脚分布在橄

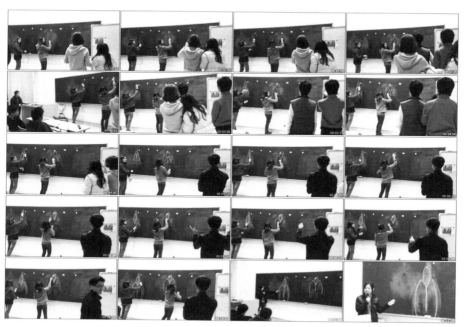

图 2-11

榄球的周围。脚有点像蟹脚那样……

又过了两分钟，另外一名男生主动上台，整个游戏终于有突破性的进展，他如此描述：上面是一个 30 厘米长、上圆下尖的形状，像花瓣一样分成很多瓣，一共有 6 瓣，或者说像仙人球，并且有透视，近大远小。在这个球状体的左右两边，从底部往上 10 厘米处，斜上角大概 30 度伸出长 10 厘米左右的脚，脚是圆管型的，直径 4 厘米左右。从这两个脚的末端至上往下，伸出长 60 厘米左右、带弧度的脚。第三只脚是在主体的后面，部分被挡住了。三只脚落在一个 30 厘米直径的圆弧上面。

老师点评：

游戏 10 余分钟后，2 位同学绘画出来的图案与图片已经相当接近了。这可以说明，细节的描述是非常重要的。特别是第三位同学在形容上半部分时，"像花瓣分开，或者说像仙人球"，这些细节描述非常好。但是在对底部 3 只脚的描述还不太理想。其中有同学提到像蟹的脚，有关节。或者也可以说，像一个 "7" 字形。在尺度的描述上，反复使用 30 厘米、10 厘米等精确的数字是很困难的。可以考虑用 1 个单位，如 1/3 的比例来描述尺度。

如何对产品进行描述呢？我们提供这样一个参考：
1. 这是一个（一组）_____ 产品；
2. 从 _____ 视图看，它由 _____（哪些部分）组成。这几个部分的位置关系是怎样的
（上下、里外）；
3. 第一部分是什么 _____，请进行详细描述，包括造型、材质、色彩等；
4. 第二部分是什么 _____，请进行详细描述，包括造型、材质、色彩等；
5. 制定合理单位方便描述。

二、课后作业与点评

课程最后汇报作业《品牌对比》，详见第六章。

本章小结

　　有效的逻辑结构就像一名好的向导，它能够指引听众的目光，带领人们思考。逻辑思维并没有想象中的复杂，更多的是在应用的层面逐步展开。本章列出了两种实用的设计汇报常用格式，包括前期的设计调研报告和后期的设计总结汇报。初学者可直接套用此格式，待使用熟练后摸索出更多的模式。

关键词

　　逻辑思维，归纳与演绎，设计调研报告，设计总结汇报

思考题

　　学习规范的设计汇报格式固然重要，但是有时也可以打破或者违反既定的规则，只要你明确这样做的目的。除了"层层推进"法和"开门见山"法，还有什么其他逻辑结构呢？

推荐阅读

　　〔美〕巴巴拉·明托（Barbara Minto）:《金字塔原理：思考、写作和解决问题的逻辑》，王德忠、张珣译，民主与建设出版社，2007 年。

图片与视频的拍摄与处理

内容摘要：本章主要讲述了设计汇报中图片和视频的运用技巧。其中，前半部分包括如何使用和处理图片，分析几种常用图片类型的使用要点，如何避免出现拍摄和编排的误区；后半部分介绍了如何策划准备一个视频，以及几种常用的设计汇报视频模式结构。

第一节 如何使用和处理图片？

图片是视觉传达中强有力的表现手段，被大量运用在各种演讲汇报之中。作为未来的设计工作者，学生们需要了解和掌握一些图片的拍摄、使用与后期处理的原则。作为设计师，如果在最初的交流阶段展示一个版面或一张图片，却连最基本的美学要求也无法达到，就更难以指望其展示出符合专业素养的设计提案了。

在本校的教学课程安排中，模型制作课程属于早期的专业基础课程，要求以图片和文字记录完整的模型制作过程。在课程汇报时，大部分学生由于未经任何汇报编排等专业课程的指导与训练，作业直接显示了其在图片拍摄处理、版面编排等各方面普遍存在的问题。

一、常见的图片使用与编排误区

1. 图片尺寸过小或像素低，压缩率过高

随着互联网的广泛应用，普通的图片资源变得随手可得。在网络上搜索图片，复制、保存一下就可以使用，非常方便，学生们对这种资料搜集形式也十分熟悉。但是，网络上大于 800×600dpi（像素）的高清图片数量有限。而在目前的演讲汇报中，屏幕分辨率大多为 1024×768dpi，低于这个分辨率的图片放大到全屏时，显示质量会变差。假如一张图片的分辨率只有 400×300dpi，以图片的适合尺寸放置在版面中可能会显得过小，根本起不到什么作用，而如果把图片放大，又会使之像素化，马赛克格子完全显露。（图 3-1）

图片模糊不清，有时候是因为像素太低，也有时候是因为压缩率过高。同样的分辨率，压缩率越高，文件体积越小。许多网站采用高压缩率的图

图 3-1 图片精度低，不适合全屏使用。

片，以减少页面文件的体积，达到快速浏览、节省服务器空间与带宽资源
的目的。但是，高压缩率也会降低图片的质量，减少画面细节与层次，色
彩也会变得不均匀，尤其使得物体边缘含糊不清，从而使展示效果变差。
（图 3-2）

图 3-2 图片压缩率过高致使物体边缘模糊。

　　使用图片处理软件控制压缩率时，一般建议采用 70% 以上。例如，
Photoshop 文件在保存为图片时，JPEG 选项的品质设定数值至少应达到 6 至 8
的中等质量（图 3-3），否则图片的显示效果会大打折扣。

图 3-3 Photoshop 中保存为图片时 JPEG 选项的设定。

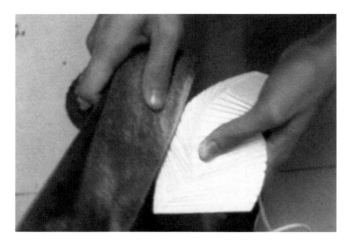

图 3-4 图片噪点多，不适合放大编排。

此外，有些图片效果不好是拍摄原因造成的。拍摄时像素低，光线不足、模糊且噪点多，并不适合在版面中放大编排（图 3-4）。关于图片的拍摄处理要求，将会在后文详述。

2. 图片变形

在使用过程中，图片被横向或纵向拉长是相当普遍的情况，但有时候这是由于初学者对图像或编排制作软件不熟悉而导致的操作失误。制作者在修改和编排图片时，如果随意拉动图像的长宽比例，或者希望满足全屏大小，却忽略了保持原始图片的长宽比，图片就会变形。例如 图 3-5 中，左下角的头像变形，便可能是由于记录访谈的视频比例设置不正确而导致的截图变形。

另外一种情况是，当数张图片并列时，制作者为了达到整齐编排的效果，将部分或所有图片拉伸变形。记住，请不要为达到全屏或对齐编排，而任意将图片变形。（图 3-6、图 3-7）

具有正常物象比例的人物、环境、道具等照片，如果被拉长或缩短变形，视觉效果会很奇怪，进而分散了主题，使观众的注意力无法集中于演讲者的内容。因此，不要随意将图片拉长和压缩变形，即使出于一定的目的，也应该尽量对图片进行缩放裁剪的处理，而不是拉伸。

图 3-5 图片拉长变形（左下角人像）。

图 3-6 图像变形，中间的图像被拉长了。

图 3-7 不要为了对齐编排而把图片拉伸变形。

3. 图片方向颠倒

必须注意图片的拍摄角度与放置的方向，无论是竖构图还是横构图，都不要将方向颠倒。例如，相机竖构图拍摄的图片导入编排时，要注意将图片旋转至正确的观看方向，颠倒图片的放置方向将会大大影响信息的传递。除非你是为了更好地表达主题，有目的地故意调动观众侧头观看，否则，没有人会乐意用这种不适的姿势来观看展示的图片。如图 3-8、图 3-9 中的图片，图片应旋转至正确的方向放置，不要因为刻意对齐编排而颠倒图片方向。

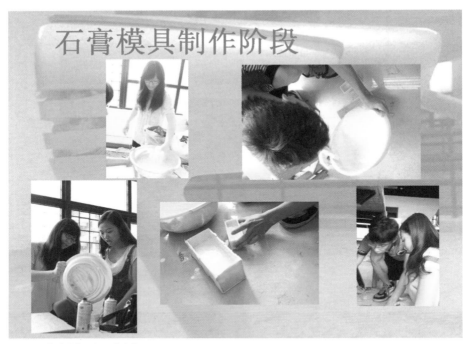

图 3-8 编排时没有调整图片方向。

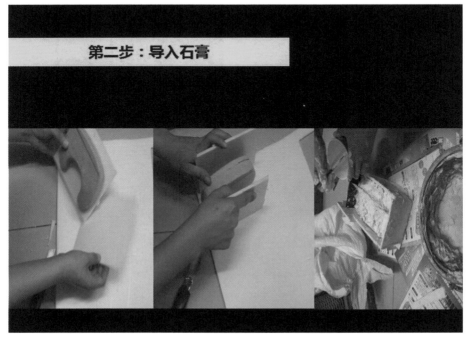

图 3-9 为对齐编排而使图片颠倒。

二、图像的拍摄与处理原则

在课堂教学中，笔者经常会要求学生把自己的作业过程和练习作品，以图片或视频的形式拍摄记录下来，便于课程汇报交流与影像资料存档记录。在各种课程与项目中，无论是头脑风暴、设计调研、创意提案还是深化方案、设计评估等阶段，适时地进行影像记录都是必不可少的。学生们大多没有经过系统的摄影艺术训练，虽然不如引用现成的摄影艺术图片那样具有专业的视觉效果，但是假若在拍摄与后期处理的过程中能遵循一些基本的影像处理原则，也可以得到能清晰、明确地反映真实场景的影像资料。

1. 保证拍摄主体清晰

要避免使用对焦不良或模糊不清的图片，保证图片中拍摄的主体物绝对清晰。

如今同学们使用的手机大多配置有摄像头，但是很多手机的拍摄效果仍然很难与数码相机的镜头相媲美，而且大部分手机摄像头并没有数码相机所拥有的光学变焦功能，数码变焦拉近拍摄只是把图片像素插值放大，相片清晰度自

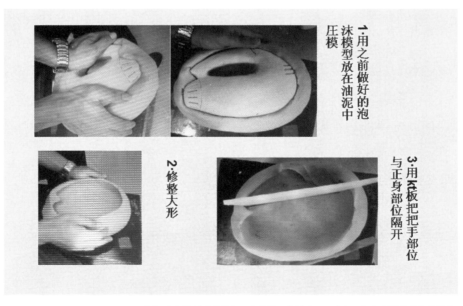

图 3-10 拍摄的图片偏色、像素低、有横纹、不清晰，极大地影响了视觉效果。

二、名片架

图 3-11 PPT 中的图片模糊、物体重影，主体不清。

然会有所下降。因此，建议不要为了贪图方便而使用效果不佳的手机进行图片拍摄。

使用数码相机拍摄图片，也请在拍摄时保持稳定，同时开启光学防抖功能，避免出现对焦不良的情形，边缘模糊的照片没有办法通过后期处理变得十分清晰。如图 3-11，相机抖动致使物体重影、主体不清晰，使用模糊不清的图片会使汇报质量大打折扣。

2. 简化拍摄主体的背景

简单的环境背景更能衬托出主体物的形象，使观众的视线焦点更快、更准确地落在主体物件上。相反，过于随意杂乱的背景会大大影响产品的呈现效果，让观众眼花缭乱。

拍摄产品照片的时候，为了简化环境，往往会准备一片纯净的背景，例如白色的墙壁、干净整洁的桌面等。与此同时，纯净背景中的任何瑕疵，即

图 3-12 拍摄物体时没有注意背景环境，窗户、灯光、黑白对比的天花板等背景使人眼花缭乱，主体物不够突出。

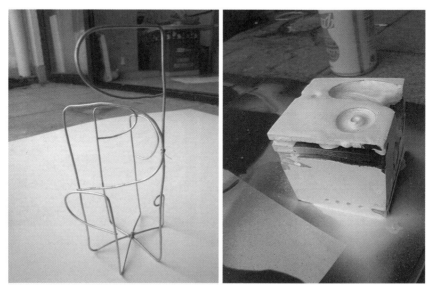

图 3-13 某些背景色与前景混为一体，使观众无法看清主体物。

图 3-14 拍摄物体时没有清理周边的杂物和垃圾，使主体物不够突出。

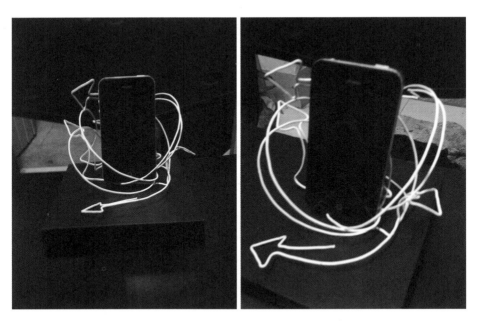

图 3-15 背景板没有放置好而露出了地面，背景显得很杂乱，拍摄时应尽量把环境道具调整好。

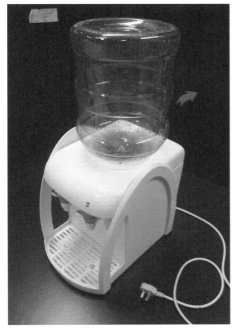 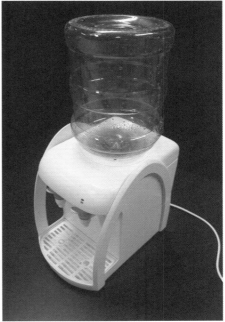

图 3-16 原图   图 3-17 简化后的图片

图 3-16 原图用了黑色的背景板进行拍摄，但是板材上的标签被拍摄进了画面中，应在后期修改消除；前端地面反光比较强烈的地方也应在后期处理过程中适当减弱；同时，原图中电源线的摆放过于随意，导致画面混乱，对其简化处理可以突出主体物件。图 3-17 是照片经过后期处理的效果，简化后的背景使图片显得整洁很多。

图 3-18 若背景太杂乱，可以在后期处理中采用模糊背景的手法。

使是一小块标签，墙壁上的一处脏痕等，都可能会形成额外的目光焦点，这些是影响图片展示效果的多余视觉信息。要尽量将这些可能会分散观众注意力的元素从画面中去除。假如某些瑕疵无法在拍摄的时候避免，可以后期处理这些图片，如统一背景的色调，减弱反光太强烈的部分，模糊背景，背景去色，等等。

3. 通过充足的光源和合适的角度突出物体

请不要晚上在宿舍昏暗的灯光下为你的作品拍照。光线不足的时候徒手使用相机拍摄，轻微的抖动都会使照片变得模糊。由于快门需要长时间打开以获取足够光源，在昏暗的环境下如要拍摄出清晰的照片，请使用三脚架保持相机稳定。但在昏暗环境下拍摄出的照片噪点也会相应增加，影响照片的细节和清晰度。因此作品的拍摄，最好选择在光线充足的环境下进行。

在昏暗的环境中拍摄物体时，使用相机自带的闪光灯往往并不能取得理想的效果。假如主体物或周围环境中有比较光滑的表面，会对闪光灯产生刺眼的反光，从而影响照片成像质量。此外，正面的闪光灯会使物体产生强烈的阴影，物体的立体感和明暗层次也会发生很大变化。当拍摄如图 3-21 这样充满虚空间的物体时，闪光灯产生的阴影让人眼花缭乱，使之与主体的实体线材混

图 3-19 由于光源不足，物体处在阴影位置而无法看清。

图 3-20 光源不足时使用闪光灯容易使物体的明暗层次和立体感变差。

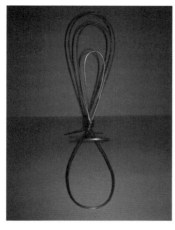

图 3-21 使用相机的闪光灯令物体的阴影
与线本身的形态相互混淆，影响观看。

图 3-22 图片重点部分光线不足。

清不清。

需要注意，在阳光或灯光的直接照射下，物体会产生强烈的阴影，阴影内的细节容易隐藏，对拍摄产生不利影响。一般来说应该以充足的光源突出图片中需要重点强调的部分。

图 3-22 中，既然主要目的是表现打蛋机模型的安装，就应该重点突出其内部结构。但由于光源的因素，模型的内部结构处于阴影之中，图片焦点自然被分散到别处，影响了主题的表达。

4. 注意调整图片的明暗色阶，并统一色调

通常在不同的光线和环境之下，拍摄的物体会呈现出不同的色调和明暗度。除了应在后期调整好图片的色调和明亮度外，在一个版面同时需要编排多张图片时，应该尽量将这些图片的色调和明暗度统一，使版面展示更加和谐。

当多张草图处于同一页面时，应该将图片的色阶、色调进行统一调整，避免明暗对比过大，或色温差别明显等情况的出现。一张草图照片，如果拍摄时光线不均，通常会导致局部角落偏暗或偏亮。调整图片对比度的时候，注意不但需要处理整体画面，更应该着重处理偏暗或偏亮的局部。例如，可以利用

Photoshop 的加亮工具将偏暗角
落的背景提亮，或用加深工具将
偏亮角落的线条颜色加重，使之
和其他区域的明度、对比度和色
阶基本一致。关于手绘草图的处
理，将在常用图片的注意事项与
作业案例中详述。

图 3-23

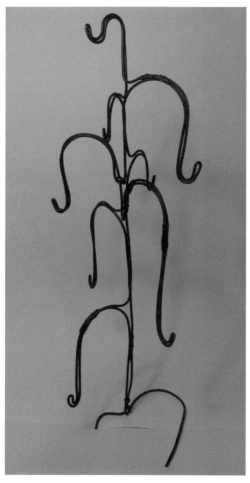

图 3-24

图 3-23、图 3-24 两张图片亮度
不足，明暗度也不统一。

最后作业：

在第一张形态推导的基础上加了形态推导的方式，如膨胀，还加了箭头的引导，使思路显得更加清晰。在这个课程中，学到了如何可以增加自己的灵感和把更加丰富的形态表达出来。

图 3-25 版面中两张类似的手绘图，左图明显偏冷色，后期调整时白平衡没有控制好。

5. 注意保持拍摄物体的完整性

拍摄目标对象时，请保持其造型状态的完整，应将其轮廓线全部包含在图片之内。必要时，画面构图可以预留松动一点，以方便后期的照片裁剪，将构图变得更理想。而一个没有拍摄完整的物体是很难通过后期处理来补充完整的。保留了完整轮廓线的图片也更有利于版面编排，例如当需要对物体进行去除背景等操作的时候，边缘轮廓缺损的物体会显得很不自然。假如原始图片素材已经不完整，则需要通过后期编排来弥补，例如添加几何图形的外框等来进行适当遮挡和统一。

另一方面，在拍摄人物持握、使用或操作产品的时候，应注意避免模特的姿态动作遮挡住产品的主体形象。需要展示商品标志等信息时，应尽量保证物品原有造型和文字细节等信息的充分呈现。同时要注意模特应以正常自然的表情姿态出现，不能为了展示产品而扭曲自己的神态与肢体语言。

图 3-26

图 3-27

图 3-28

图 3-26 — 图 3-28
以上图片没有把物
体形象拍摄完整，
难以进行后期补救。

图 3-29 原图 图 3-30 修正后

图 3-29 残缺的人像图片在图 3-30 中通过圆形外框的修饰，去除了视觉上的不和谐感。

图 3-31 手中爽肤水的商标因闪光灯的反光而看不清。

图 3-32 剃须刀的刀头被泡沫完全遮挡住。

图 3-33 握持洁面泡沫的手基本遮挡住了产品主体，瓶身的朝向也只露出了条形码，看不到产品的品牌信息。

图 3-34 模特持握喷漆的中指和无名指分开，瓶罐的商标文字朝向镜头，有意识地展示出了产品形象信息。

6. 对图片进行恰当的裁剪处理

真实拍摄的图片并不都是完美的，即使一张十分完美的图片，在实际展示的时候也可能需要通过剪裁来调整图片的比例、调整拍摄对象的位置、改变图片的缩放，以突出不同的重点部分。因为各种目的，对画面进行适当的剪裁是必不可少的。

然而，最通常的做法是把画面中多余的部分裁剪掉，通过减少一张图片中所包含的信息量，将观众的视线集中到需要展示的内容上。注意不要将图片的裁剪处理得不彻底，也要避免过度裁剪。

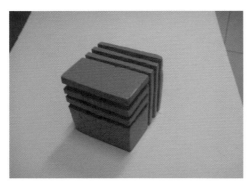

图 3-35 原图

图 3-36 裁剪后的图片

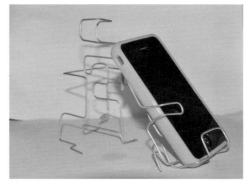

图 3-37 原图

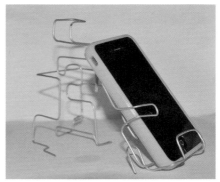

图 3-38 裁剪后的图片

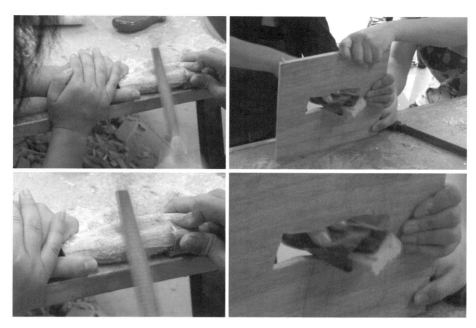

图 3-39 截切画面以突出重点部分

7. 不同的图片用于展示不同的状态

拍摄一组图片后，必须经过精挑细选后才可用于展示。在版面中呈现的图

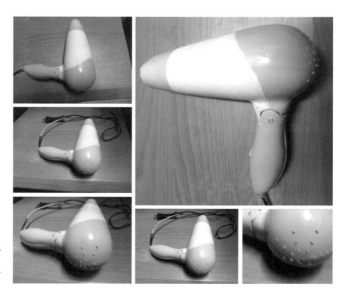

图 3-40 这组电吹风照片大部分都用了近似的拍摄角度，图片传达的信息不明确，浪费版面空间。

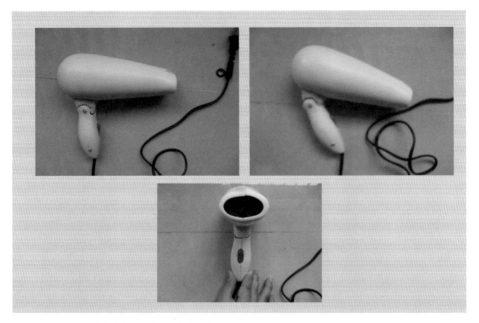

图 3-41 用各种变换的角度拍摄电吹风，丰富了其整体形象。

片，如果总是以近似的角度呈现，会产生视觉累赘感，同时也在浪费有限的版面空间。应从不同的角度拍摄同一事物，或记录其不同的使用方式和步骤。同时，运用整体与局部、外部环境与内部结构等不同的组合方式，展现物体多个侧面的状态。如果页面中的几张图片所展示的内容和传达的信息过于相似，那就不如只采用其中一张最有代表性的图片，以达到最佳展示效果。

　　虽然 3-41 这组电吹风图片还有很多拍摄上的问题，但与图 3-40 相比，至少已经展现出侧面形象、把手的折叠功能、正面出风口和开关的细节部分等方面的内容。

8. 保持对照物体的对应关系

　　当两个或两个以上的物体出现在同一页面时，为了便于进行比较，应该让物体大小相同，摆放的高低与左右位置应互相对应，光源方向和环境背景也应该尽量保持一致。

　　例如，展现产品的不同角度时，应按照产品的正视、侧视、俯视等位置的

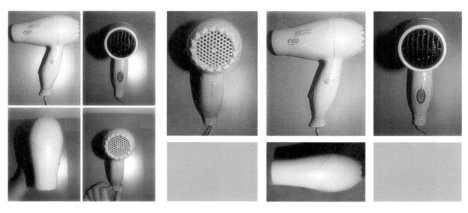

图 3-42 原图拍摄效果不佳，闪光灯反光过于强烈，对照物体也大小不一。

图 3-43 修改视图照片的对应位置，通过裁剪使对应物体大小一致，为使编排整齐，可以增加两边角落上的底色色块。另外，可以去除画面中扶电吹风的手，减弱背景的闪光灯反光，调匀背景的底色，以达到简化背景的目的。由此可见，如果前期能把产品照片拍摄好，能免去很多后期处理的功夫。

对应关系放置图片，并且不同图片中的物体大小应该一致。

　　又例如，展现产品前后修改效果时，用于对照的图片应该采用同样的大

模型制作(雏型阶段)
• 原子灰修补成型

上原子灰

打磨平整光滑

底部

底部打磨后效果

图 3-44 原版面

上原子灰

打磨平整光滑

底部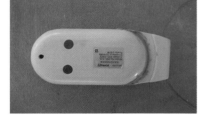

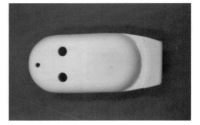底部打磨后的效果

图 3-45 调整后的版面

图 3-45 将图 3-44 的图片加以裁剪，以突出主题，并将图片调整为一致的方向角度，以便于比较两张图片的前后变化。

小、位置方向，甚至是环境背景。尽量减少各种影响展示的干扰因素，以便重点突出产品修改的部分，比较修改前后的效果。

9. 注意在图片主题中传达出专业感

图片所传达的信息，由组成图片的各种视觉元素综合而来，主体各处的细节信息以及环境道具是否配合，会直接影响图片对主要信息的表达。图片和主题内容匹配统一，亦有助于提升专业感。

图 3-45 是一组模型制作报告的配图，环境和人物服饰等这些细节能从侧面反映出模型制作过程是否专业。看到图中模型制作者脚踏拖鞋的姿态，观者是否会感觉别扭？其手上精美的戒指和手镯是否适合出现在切割和打磨泡沫模型的工作场合之中？图中人手扶泡沫打磨的兰花手，是否是因害怕砂纸弄花纤纤指尖上的美甲？观众看到这些与主题无关的多余信息，一方面会分散注意力；另一方面也让人不禁对制作者的专业素养和作品的质量产生怀疑。即使最后呈现的作品模型效果非常好，但是整个制作过程展现出来的一种不专业的状

图 3-46 图片无法传达出专业感

态，会令观众对制作者产生不良印象。试想一下，如果这样的图片出现在一份求职简介、项目投标书或者产品创意提案中，势必会影响设计制作方的形象，令观众对演讲者或汇报人的专业水平丧失信心。

三、设计汇报图片处理的注意事项

1. 调查资料图

在设计调研阶段，往往会使用网络或通过市场实地调研搜索产品资料。无论是网络图片还是自己摄制的图片，除了应该注意上述图片处理原则外，还必须明确一些注意事项。给汇报幻灯片配图以增加说服力时，如果采用低劣质量的图像，不仅会影响页面的美感效果，也会导致观众的理解发生偏差。

（1）避免使用与演讲主题和页面内容不相关或不相符的图片

给汇报页面配上图片，某种程度上是为了更美观或更吸引人。但是，即使图片很漂亮，也应该考虑图片内容与当前页面所要表达的主题是否相符，不能

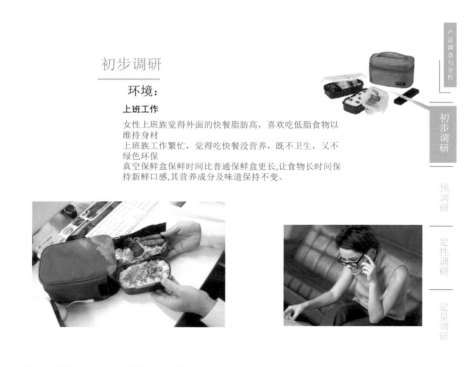

图 3-47 右下角图片中的女士在愉快地接听电话，画面内容与汇报主题——保鲜盒毫无关系。

过于随意地使用图片，当观众看到与页面主题内容无关的图片时，难免会不知所云。

（2）避免资料图片出现水印

通过互联网获得的图片，各网站通常为了防止盗链或者更好地达到宣传效果，往往会加上网站自己的 logo 或文字图标水印。这种图片会分散观众的注意力，如果不经任何处理就将含有水印的图片放置在演讲汇报中，只能显示出你是一个贪图方便、懒惰的人。

假如图片内容非常适用，水印处在边角位置或背景单纯的图像中，可以用 Photoshop 等图片处理软件处理一下，把水印裁掉或覆盖；如果水印浮于主体物象的明显的位置，无法进行后期修改去除，这样的图片必须舍弃；如果没有好的图片来源渠道，就干脆不要使用任何图片。

有时候为了对图片进行引用说明，以方便观众查找相关资料，可以单独用

图 3-48 原图

图 3-49 修改后

图 3-48 图片所带的水印如果处于角落里，可用软件后期处理去除，效果如图 3-49。

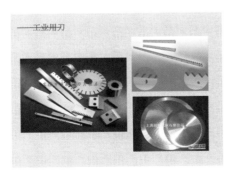

图 3-50

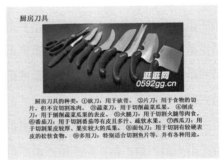

图 3-51

图 3-50、图 3-51 水印浮于图像上方，请使用其他图片来替换。

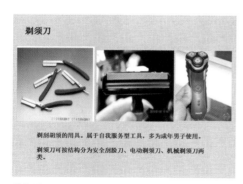

图 3-52

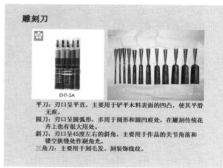

图 3-53

图 3-52、图 3-53 中应去除照片中的多余信息，如日期等。

小文字在图片下方等处作注解，这样既尊重了图片来源和分享了资源，也让人感觉到汇报者的专业和用心。

（3）避免照片拍摄时添加日期水印

另一种常见的情况是，拍摄照片时相机为照片自动加上拍摄时间。通常，这些日期标签与页面主题内容并无关联，而且颜色过于鲜艳跳跃，同样会分散观众的注意力。虽然照片的日期水印通常位于右下角，能比较方便地把它修饰掉，但为避免大量的图片后期处理工作，拍摄时应把数码相机的日期自动添加功能关闭。

2. 手绘草图

手绘草图是经常需要在设计汇报方案中进行展示的内容。在前期课程中，学生们应养成翻拍手绘草图进行资料保存的习惯。但是翻看学生们自行拍摄的手绘作业图片时，会发现其中大部分都不符合图片展示的要求，如像素过低、对焦模糊、光线不均、图面不完整、边缘杂物多、偏色等。因此，学生对手绘作业进行翻拍和处理时，应尽量遵循我们本章阐述的关于图片拍摄与后期处理的基本规范。

设计创意阶段的各种概念草图、手绘插图，应尽量使用扫描仪进行图像保存。在受扫描仪设备大小所限不能整体扫描面积过大的图片时，可分段扫描再拼合、整理。假如使用数码相机拍摄，则应在自然光线充足、背景环境良好的

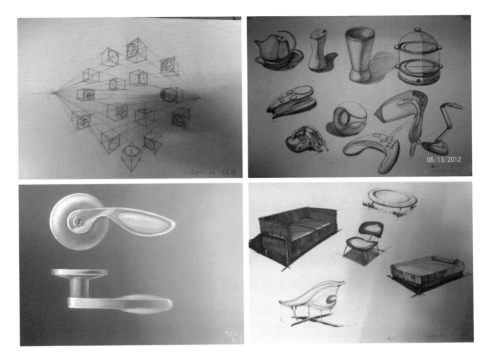

图 3-54 手绘图的翻拍不符合要求，无法在进行后期调整后取得好效果。

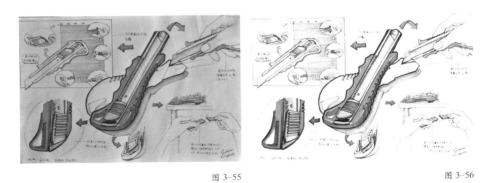

图 3-55   图 3-56

图 3-55 是符合要求的翻拍或扫描图像，但它也需要经过后期画面处理，如调整明暗对比度，修饰纸张的皱折痕迹，使手绘线条和背景黑白分明等。调整后的效果如图 3-56 所示。

条件下进行。对于扫描和翻拍的草图，使用时都应该进行后期处理，如调整画面色阶、对比度等，以使草图画面达到干净、清晰、明亮整洁的效果。

3. 产品模型图

在设计汇报的最后阶段，展示的往往是依照产品方案制作的实物模型。把每一次产品模型照片拍好，把方案模型最美好的一面保存下来，其实就是在对自己的作品集进行资料整理。实物模型很难有效地长久保存和展示，因此必须依靠照片，应尽可能像拍摄产品宣传照片一样对待每个模型的日常拍摄。下面介绍三种常用的产品模型拍摄模式。

（1）使用纯净的背景进行拍摄

通常的做法是准备两片白色或黑色的大面积 KT 板或者将整洁的大面积纸张（例如全开素描纸等没有光泽的纸）自然垂下，作为拍摄物的水平和垂直背景面，这样背景和桌面之间柔和过渡，不会有交界线影响视觉观感。若没有准备大尺寸的纸张或背景板，就需要在拍摄角度上多下功夫，如选用纯色的桌面、墙面等。纯净的背景能更好地展现模型的形态。

（2）展示产品的使用环境

如果想让产品给人留下更加深刻的印象，需要对拍摄的周边环境进行仔细挑选和认真布置，让产品照片呈现出其真实使用的环境，使观众产生一种身临其境的感觉。如果拍摄时缺乏专业摄影棚的灯光等设备，采用自然光环境反而

图 3-57

图 3-58

图 3-57 利用大面积 KT 板和自然光线进行拍摄，拍摄效果如图 3-58。

图 3-59　配上环境的照片能更直观地呈现产品的使用状态。

更为便利。环境道具的选择必须与产品本身相呼应，整体色调搭配也需要考究，思考该环境所传达的产品氛围是否符合产品定位。

（3）用模特配合展示和渲染气氛

产品是为使用者而设计的，照片中配以模特能更好地传达产品与使用者的关系。观者一方面可以看到产品与真人具体的大小比例，直观地展示出使用该产品时人们的状态；另一方面也可以解释产品是如何操作的。这时照片的拍摄就需要考虑产品、环境、人三者之间的关系，整体氛围和各种细节是否互相配合。除了道具和环境，模特的服装、妆容和发型，姿态、动作、表情等也应符合人们使用该产品时的正常状态，而恰当的情绪气氛表达则能提升产品照片的感染力。

例如图 3-60，沙滩背景中的产品是沙滩椅。如果只有环境背景，则不可能完全展示出椅子的功能作用，也缺乏产品与使用者大小比例的对照。这时如果能配以人使用该产品时的使用效果图，这些问题就迎刃而解了。若要取得更好的展示效果，图中模特服饰应该与环境配合，

图 3-60

图 3-61

比如穿上休闲的沙滩装，换上太阳眼镜，裤子的颜色应与座椅区分开来，坐姿和拍摄角度也不应该过于遮挡产品主体。

如图 3-61，主题产品是工具扳手，模特的服装和化妆都恰到好处，彼此间形成了不错的配合，包括布手套、止血贴、衣物和脸上的污渍等细节。但是模特的表情、动作以及拍摄的环境背景与主题工具明显不匹配，应改到模型工作室等场所，以维修工作等动作来呼应配合产品。

图 3-62 的主题产品是太阳眼镜，可是环境中没有太阳，无法凸显出戴墨镜的必要性。灰蒙蒙的背景天空，死气沉沉的画面色调，这样的图片缺乏感染力。而调整之后的图 3-63，选取了有阳光的天气重拍照片，画面色彩亮丽，眼镜片中反射出阳光，画面也更有生气。构图上，新图没有像原图那样露出手臂，通过裁剪构图减少了不必要的视觉信息，使人们的视觉和精神焦点都更集中。

同学们应根据客观条件灵活运用这几种模式来进行产品拍摄，并谨记图片后期处理的原则，将产品的最佳状态用图片展现出来。本章的作业环节将具体说明设计汇报常用图片的展示注意事项，而相关的电脑软件技术和产品摄影技术请参考其他专业书籍。

图 3-62

图 3-63

第二节 如何准备一个视频？

一、制作视频不仅仅是技术问题，也事关策划

　　本章节并不讨论如何从技术上制作一个视频，如果你对视频制作过程中的任何技术问题有疑问，可运用互联网或相关书籍寻找帮助。在此，笔者要跟大家分享的是在视频正式拍摄之前我们要做的准备工作。为什么要跟大家讨论"如何准备一个视频"这个问题呢？想象一下，若你自己不会制作视频，可以请别人帮你拍摄。那么你会如何与摄影师和后期制作人员沟通你的想法呢？前期准备工作不够，不仅会给后期制作带来巨大困难，也将影响视频最终的效果。

　　如 2012 年奥斯卡最佳影片《逃离德黑兰》，故事的主要内容是：1979 年，伊朗革命军攻进美国驻德黑兰的大使馆，66 名美国外交官和平民被扣留为人质长达 444 天。其中有 6 名外交官逃脱，并躲在加拿大驻伊朗大使的家里。一名中情局特工策划了一个营救方案，以拍摄电影的名义，成功地把这 6 名美国外交官带离德黑兰。这个听起来像天方夜谭的计划，经过了精心的策划和演练。首先他们选中了一个名为《ARGO》的剧本，一部和《星球大战》极为类似的科幻片。本书中所选的是影片的高潮部分，一行人即将到飞机检票处时，被守卫的革命联队拦下，他们中会波斯语的人为联队讲解了这部假电影的剧情。在解释电影的过程中，他们使用了一份报道电影正在拍摄的报纸，其中提到来伊朗取景的事情。还有一个重要的道具——用插画形式表达的电影剧本，以及电影拍摄的分镜头剧本，用来解释拍摄的剧情、场景、人物、道具等事情。最后，革命联队的人最终相信了他们，让他们登上了飞回美国的班机。

扫描二维码，随身看视频

《逃离德黑兰》节选视频二维码

图 3-64 电影《逃离德黑兰》截图

二、从导演的角度去思考

在准备一个视频前，我们要把自己放在一个导演的位置上，去思考以下5个问题：

（1）剧本：拍什么内容？打算怎么拍？有哪些镜头？如何开始故事？高潮在哪里？如何结束？

（2）演员：需要哪些演员？演员的服装与造型是怎样的？去哪里找到合适的演员？

（3）布景（场景与道具）：在什么环境下拍摄？在课室、宿舍、天台，还是公园？光线是否满足拍摄的需求？是否需要更换2—3个场景？需要什么道具吗？

（4）旁白：是否需要旁白？如果需要旁白，需要提早编写。可以现场录音，或者可在后期制作时加上去。

（5）音乐：音乐多用于渲染氛围。视频是要表达一种轻松愉悦的氛围，还是哀伤与激情？没有音乐的视频很难牢牢地抓住观者的心。

（6）注意时间与节奏感的控制。

三、三种典型的视频模式结构

1. 以人为主角凸显设计理念

参考视频:《我爱手工，我爱木头》

这个视频拍摄的是 2012 年广
州美术学院工业设计学院毕业生
颜世峰同学的毕业创作过程，其
作品是一个有连环动态传递结构
的木质玩具装置。颜世峰很喜欢
木头，并喜欢自己亲手去制作每

扫描二维码，随身看视频

《我爱手工，我爱木头》视频二维码

个小部件。由于学校空间不够，很多同学需要长时间轮候才能使用相关设备进
行加工创作。于是他在学校旁边租了一处小房子，并购买了一些简单的木工设
备，在那里完成了他的毕业创作。笔者被他的故事和作品打动，找来懂得摄影
制作的同学给他拍摄了一段视频，以便更好地展示他的创作历程、设计概念和
产品的传动结构。

整个视频讲述的是一个怀有梦想、充满创意的大学生设计师创作毕业作品
的故事。剧本结构大体分成 3 个部分。首先是广州美院的清晨，设计师从这里
出发，乘坐地铁来到鱼珠木材市场挑选合适的材料。设计师说，他很喜欢木头，
喜欢它的颜色、质感和纹理，及其所展示的岁月的痕迹。第二个场景是一个木
工房内，设计师戴上口罩，把木头放在车床上开始加工制作。木头在他熟练的
操作下，很快显现出很多细节和形态。设计师说，他喜欢动手，有时候做的比
画的还要快，经常会有一些惊喜出现。最后一段重点展示了设计师的作品，及
其整个动态传动结构。其作品运用了重力和杠杆原理，彩色的玻璃珠在各种轨
道、斜坡和空洞中穿行，充满了想象力。

图 3-65《我爱手工，我爱木头》视频截图

表 3-1《我爱手工，我爱木头》剧本结构

	第一部分	第二部分	第三部分
剧本	设计师去买材料	设计师在工作室的工作，包括很多的细节	作品展示
演员	颜世峰，穿 T-shirt	颜世峰，戴口罩	作品
布景	地铁，木料市场	工作室，木工工具	作品
旁白	我是谁？ 我为什么喜欢木头？	手工制作木头为我带来什么？是什么支持我一直坚持下去？	无
音乐	淡淡的缓慢的节奏	慢慢进入高潮，音乐开始有点激昂，也更富有朝气	欢快的音乐富有跳跃性，配合定格动画的节奏
时间	36 秒	1 分钟	24 秒

参考视频：《Ben Kandel 的木工房》

本视频的主人公叫 Ben，他有一个木制品的个人品牌 "Turning Pro."，此视频主要讲述他的个人故事和设计理念。

第一部分，Ben 在木工房里讲述自己小时候的故事。他第一次接触木工工具是在奶奶家。奶奶的邻居在他的房间旁边加建了一个小房子，里面有很多很吵的设备，很可怕。后来邻居爷爷给了他一副防护眼罩和一块木头，告诉他怎么操作这些工具。Ben 开始有了自己的小创造，虽然最后的成品很粗糙，但是他非常自豪。从此以后，他知道自己喜欢上了这个东西。（56 秒）

第二部分，Ben 介绍了木工车床是什么设备，如何操作，以及可以制作什么产品。（1 分 35 秒）

第三部分，Ben 把他对木头的热爱娓娓道来。一块看上去丑陋的木头疙瘩，里面却有着非常漂亮的纹理，其他人可能没有发现这种美，只有设计师才能看到。他喜欢把那些看似丑陋的东西亲手变成美丽的物件，这让他非常自豪。（3 分 20 秒）

扫描二维码，随身看视频

《Ben Kandel 的木工房》视频二维码

图 3-66《Ben Kandel 的木工房》视频截图

整个视频中穿插着大量的对白和故事描述，同时也呈献了设计师作品的制作过程，还展示了很多其他作品，包括一个大碗、一个西班牙舞的节拍器。

结论：

本类型的视频剧本以设计师为主，非常注重人物对白，重点展示其设计理念。在视频的节奏控制上往往采用渐进的方式，一步步娓娓道来，最后进入高潮，与观众产生共鸣。

视频在拍摄时可运用焦距的变化，如从模糊到清晰，主要是为了表现物品的精致。为了辅助剧情的推进，常常要使用音乐，音乐的节奏可由缓到急，先是微弱的背景声音，慢慢响起，逐渐成为视频的主旋律。

2. 以物为主角，讲述制作过程

参考视频：《德国装饰蜡烛制作》

此视频主要介绍德国传统工艺装饰蜡烛的制作过程，时长 5 分钟，采取了 4 段式结构。

第一部分，整体展示完成后的装饰蜡烛，美轮美奂。（30 秒）

第二部分，介绍制作装饰蜡烛的准备工作。整个流程从一格格不同颜色的熔化的蜡开始，工艺师不停地搅拌。首先工艺师把一个星形蜡烛分别放在不同颜色的蜡中浸泡一下，再放在冷水中进行冷却。她重复这样的步骤大概 30—35 次，为蜡烛加上了不同颜色的层次。随着多次冷热交替，蜡烛开始软化，可以开始进行雕刻。时间的控制非常重要，蜡烛太软或者太硬都不适合雕刻。（1 分 55 秒）

第三部分，展示雕刻过程，这也是全视频的高潮部分。首先工艺师把底部多余的部分挤在一起，用小刀切断后，露出了美丽的层次和丰富的纹理。通常在这

扫描二维码，随身看视频

《德国装饰蜡烛制作》视频二维码

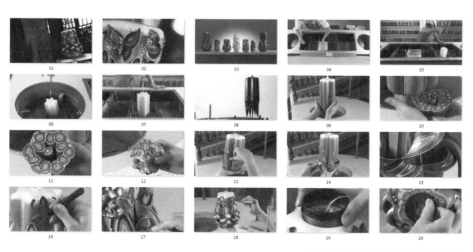

图 3-67《德国装饰蜡烛制作》视频截图

个时候，观众们会发出惊叹声。这是视频制作所期待达到的效果。为了不浪费材料，工艺师把切掉的余料快速制成一个蘑菇形状的蜡烛，之后蜡烛的主体部分便可以开始雕刻了。工艺师必须在 15 分钟内完成整个蜡烛的雕刻，不然蜡烛就会变硬。工艺师使用不同的工具进行雕刻，每完成一层，都需要把蜡烛放在冷水里冷却一下，以防弯曲的部分散开。每位工艺师至少需要花上一年的时间来练习，才能做到游刃有余。雕刻完成后，工艺师用一个做曲奇饼的圆形模具在蜡烛的顶部挖一个洞，让蜡烛在燃烧时不会烧到外面漂亮的装饰，随后把蜡烛放在一个加热了的平板锅上旋转几圈，贴上品牌的标签。最后工艺师为整个蜡烛涂上一层光油，以便保护所有的装饰。（4 分 40 秒）

第四部分，展示蜡烛的点燃效果。熠熠的烛光透过不同厚薄的蜡烛壁，如梦幻般美丽，呼应视频首开头。（10 秒）

结论：

讲述制作过程的视频最有可能出现的问题是制作过程太长，无法吸引观众继续看下去。所以我们必须把握整个视频的两个关键点：第一点是视频在开始时先展示成品，从而引起观众的兴趣；第二点是从开始到观众发出第一声惊叹，耗时不能太久。此视频在 2/5 处（第 2 分钟时）出现了第一个小高潮，有效地把观众的情绪调动了起来。

音乐在这里也起到非常重要的作用。我们发现音乐里有一种 "be ba be ba" 的节奏感和尖锐的哨子声，在视频进入高潮后更明显，节奏感也更强烈。

3. 以事件为主角，讲述一个问题

参考视频：《9 块饼干与粮食浪费》

此视频由上海社会创新组织 Greennovate 制作，该团队旨在通过有趣的视频向人们倡导环保和可持续发展的生活方式。此视频运用了十分富有创意的制作手法：制作者手绘图案，并把它裁剪出来制成动画，最后的效果有点像传统木偶

扫描二维码，随身看视频

《9 块饼干与粮食浪费》视频二维码

剧，可以看到人手的活动动作。如此一来，严肃的社会问题以轻松的方式呈现出来，环保教育不再是高大上的口号，显得更平易近人而有号召力。

此视频共 3 分 40 秒，讲述了丰富的内容。整个视频可以分为三个部分。

第一部分，提出问题：全球食物浪费现象非常严重。（40 秒）

旁白：你曾在学校食堂倒掉吃不完的饭菜吗？你有过下馆子时剩下一桌子的剩菜就走人的经历吗？如果你喝过喜酒，去过婚宴，那你就更清楚我在讲什么了。没错，我在说"食物浪费"！

据专家保守估计，在中国，我们倒掉了 10% 的食物，每年近 500 亿公斤，可以养活近 1 亿人。而这只是冰山一角。

第二部分，讲述浪费现象是如何产生的。（2 分 40 秒）

旁白：那我们为何浪费粮食呢？视频中的英国小伙讲得非常形象，他用 9 块饼干来表示我们全球的粮食总量。第一块饼干在离开原产地的时候就会消失。比如海鲜鱼类，渔民把鱼抓上来，因为没有保鲜设备，部分鱼就死了，只有把他们扔掉；比如牛奶，因为缺乏保鲜杀菌技术，白花花的牛奶在原产地便被倒掉了；比如因为自然灾害，庄稼枯死或被风吹趴下；又比如经济不景气时白菜卖不掉，它们大批大批地烂在地里。这些都是浪费。

接下来的 3 块饼干用来代表我们喂养牲畜的玉米、小麦和大豆。比如说一块来自澳大利亚的牛排，每公斤背后就藏着 10 公斤的谷物，以及 10 万升的水。它们经过牲畜的肠道，3 块饼干中的 2 块变成了粪便和热量，只留下 1 块能够成为进入我们肚子的肉类和奶制品。

还有 2 块我们会直接丢进垃圾桶里。有很多人在饮食上十分挑剔，如不吃难看的食物，不啃骨头，不吃有眼睛的东西，不吃面包边上的面包皮……如果你去超市买东西，看到里面的食物真心好，长得就让人有食欲，它们都是食物选美比赛的赢家。那些因为颜色不好，形状不合适、大小不匹配的食物早被商家扔到垃圾桶了。当然最直观的是我们辛辛苦苦做出来、放在餐桌上的食物。现在很多人为了面子点很多菜，剩菜也很少打包带走。想想人们的每次餐宴给地球平添了多少负担。

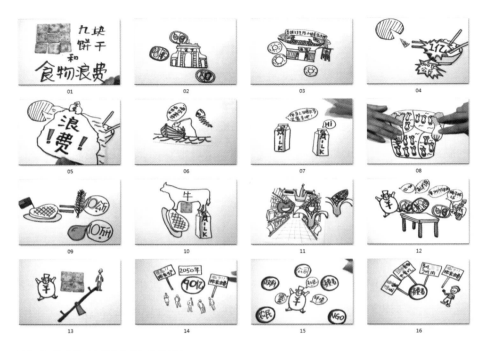

图 3-68《9 块饼干与粮食浪费》视频截图

在最后，我们自己只留下 4 块饼干。然而就这 4 块，我们也没有好好利用。这个世界上有 10 亿人肥胖，还有 10 亿人每天都要挨饿。

第三部分，针对第二部分的调研发现，制作者提出解决方法和个人主张，号召大家行动起来。（3 分 40 秒）

旁白：到 2050 年，世界人口将达到 90 亿，人们都在担心我们养不养得活这么人，很多人都在想怎么提高粮食产量。但是很少人想过全球粮食总量的 5/9 都被浪费掉了。当然，解决粮食浪费的问题需要各方的力量联合起来，需要农民、政府、公司、消费者等共同行动，为农业提供抗击自然灾害的设备，建立更稳健的农业经济，让肉类生产更高效更生态。供应商也应该把对社会环境的影响考虑在内，真正高效地利用粮食。最重要的当然是消费者，你的行动就是你的宣言，让我们从吃开始，对餐盘里的食物心生感激，做正确的饮食选择，每顿饭都不浪费。让大家一次一小步，改变世界。

结论：

从逻辑结构来看，本视频使用的是在第一章中提到的"开门见山"法。对于以事件为核心的视频，我们不能仅仅考虑表现手段，视频的逻辑结构才是关键。可以简单地认为，这类视频重在把一个调研报告转化成一个生动有趣的故事。旁白在这类视频中相当重要，需要精心策划。

第三节　课堂练习与作业案例

一、课堂练习

参考此章中对视频《我爱手工，我爱木头》的分析方式，对其他三个参考视频进行分析，试从剧本、演员、布景、旁白和音乐这 5 个方面去思考这 3 个视频为什么具有感染力。

	第一部分	第二部分	第三部分
剧本			
演员			
布景			
旁白			
音乐			

二、课后作业与点评

1. 手绘图处理作业

作业要求：

翻拍前期课程手绘图作业 20 张以上，并进行后期处理。利用 Photoshop 进行手绘图后期处理的步骤与注意事项如下：

（1）裁切照片构图，去除多余边角并保持图像的完整；调整拍摄时的倾斜

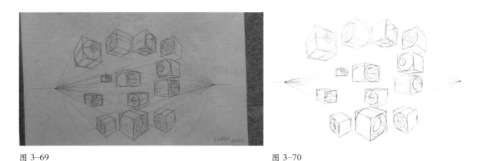

图 3-69   图 3-70

将图 3-69 先裁剪、修正构图，再进行画面对比度调整，调整后效果如图 3-70。

角度，并用自由变换工具修正透视变形。

（2）利用色阶、曲线、亮度 / 对比度等功能控制图面效果。若手绘图线条颜色太浅，调整后容易造成细节缺失，应保证拍摄时光线充足或尽量采用扫描仪来保存图像。

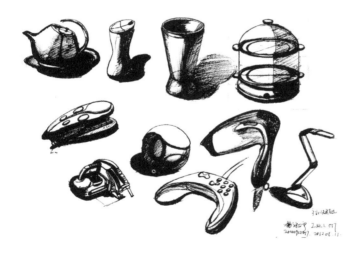

图 3-71 黑白对比调整过度，造成细节缺失。

（3）黑白手绘图照片可以先转成灰度图后再进行调整，这样能取得理想的白平衡，避免偏色。彩色手绘图照片若存在偏色问题，可以调整色彩平衡和色相 / 饱和度。

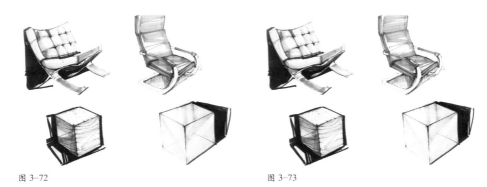

图 3-72   图 3-73

如图 3-72 原图没有调整色彩平衡，图 3-73 为调整后效果。

（4）调整整体画面后，局部不均匀处可采用加亮或加深工具调整处理。注意不同显示器的显示效果会存在偏差。请勿只对主体和背景进行局部加亮或加深的调整，画面的明暗度应该进行整体调控。

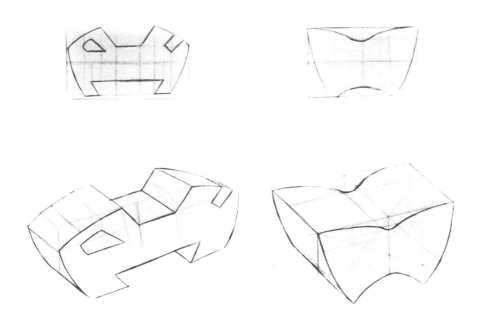

图 3-74 只局部加亮外部画面背景而忽略物体中背景的调整。

2. 产品摄影作业

作业要求：

拍摄前期或同期完成的某一课程的模型照片。每件模型要求以室内外自然光环境、摄影棚环境为背景各拍 1 套。每套优选 3—6 张不同角度及局部结构的特写照片，并进行后期修图处理。

若学校配有专业的摄影棚，同学们要善于利用资源，可由班长来统一预订，组织大家对自己的作品进行拍摄。请自备相机和三脚架进行拍摄，有条件的可以将相机连接输出到笔记本电脑，即时预览观看照片拍摄效果。

若初次使用设备时不太熟悉，可对产品的各个角度进行不同光源强弱的拍摄，然后从中选择最佳效果的图像。最后，还要对精选出来的照片在构图角度、造型细节、明暗层次等方面进行后期编辑，进行调校明暗对比度、消除环境瑕疵、统一背景色调等处理。

光源角度的调校对于含透明和半透明部件的产品尤其重要。透明的物体拍摄难度比较大，其高光和暗部只有在合适的光源角度下才能比较好地呈现出来。拍摄者应思考用什么样的背景，黑色还是白色，冷色还是暖色等，才能衬托出产品的最佳立体形态效果；同时，应注意后期处理时不能曝光过度，否则产品形态会变得模糊。

市面上有些简易摄影棚套装，很多网店卖家使用它拍摄出了精美的商品照片，在没有专业摄影室的情况下，可以考虑购买这种简易器材。

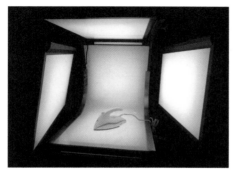

图 3-75 广州美术学院的专业摄影棚设备　　图 3-76 拍摄时输出到笔记本电脑预览效果

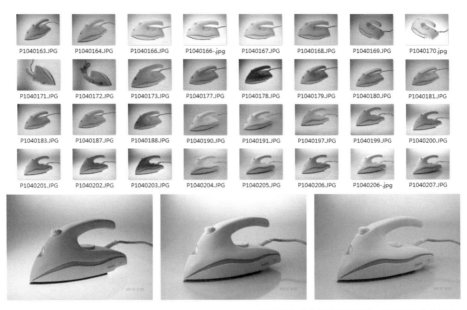

P1040163.JPG P1040164.JPG P1040166.JPG P1040166-.jpg P1040167.JPG P1040168.JPG P1040169.JPG P1040170.jpg

P1040171.JPG P1040172.JPG P1040173.JPG P1040177.JPG P1040178.JPG P1040179.JPG P1040180.JPG P1040181.JPG

P1040183.JPG P1040187.JPG P1040188.JPG P1040190.JPG P1040191.JPG P1040197.JPG P1040199.JPG P1040200.JPG

P1040201.JPG P1040202.JPG P1040203.JPG P1040204.JPG P1040205.JPG P1040206.JPG P1040206-.jpg P1040207.JPG

图 3-77 多角度不同光源设定，尝试最佳拍摄效果。

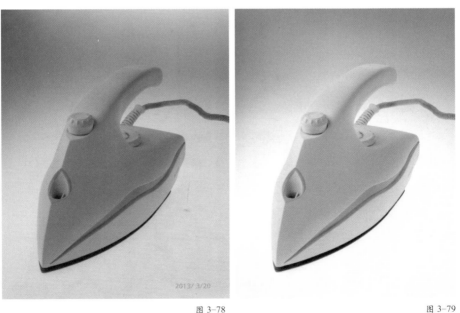

图 3-78   图 3-79

图 3-78 为照片调整前的拍摄效果。通过后期调整明亮度，消除桌面的污渍和日期水印，并简化统一背景的明暗色调后，最终效果如图 3-79。

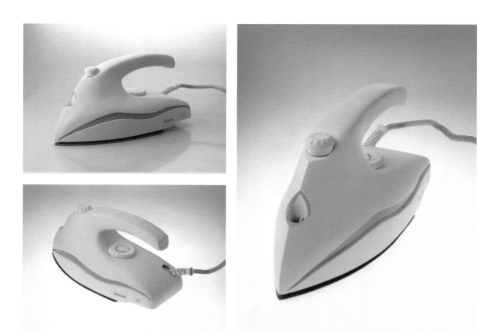

图 3-80 最终精选处理的 3 张产品照片

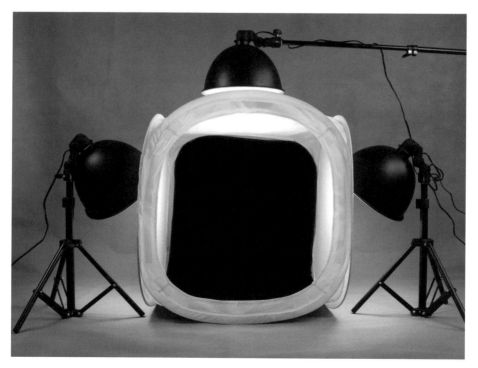

图 3-81 简易的摄影棚套装

图 3-82 将四驱车模型放置在操场跑道上，在室外自然光下拍摄带环境背景的产品照片，十分切合产品主题。

　　在没有任何摄影棚设备时，应尽量利用自然光，选择符合产品主题和风格的环境和道具来拍摄。带环境的产品照片能营造出真实的氛围和更强大的吸引力，若处理得好，会比摄影棚的照片更令人印象深刻。

　　作业案例点评:《旋·木》

　　前期的《产品结构原理》课程布置了一个三人小组作业，此次需针对该产品模型进行一次拍摄。首先，拍摄前应对拍摄环境进行精心的选择和布置，某些情形下大家可以使用同一场景，但是各自进行构图拍摄和后期处理后，最终会有不同效果的照片图像。

3. 带模特的产品概念摄影

　　作业要求:

　　以传达产品概念为目的，自选产品与主题，组织策划拍摄模特与产品的合照。注意人物形象与产品形象的搭配，及其与道具的配合和环境的协调。

图 3-83 《旋·木》，作者：2011 级工业 2 班，王军超、阮展豪、何冰莹。

a   b

图 3-84 两图环境、道具完全一致，只是构图稍有不同。图 b 的主体位于画面的黄金分割线上，眼镜、书本和主体产品的放置平衡了画面构图，比对称分布的图 a 更有韵律感。同时，图 b 对盆栽进行了更彻底的裁剪和焦点模糊处理，使视觉焦点更集中在主体之上，产品形象更加突出，但照片中台灯的电源线稍显突兀。

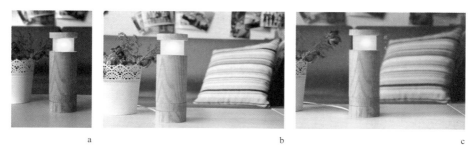

a　　　　　　　　　　b　　　　　　　　　　c

图3-85 三张图的构图和色调都不一样。图a的竖构图略显单调，照片墙背景有点抢眼。图b的环境比较完整，采用正常的拍摄色调，利用产品主体恰好遮挡了沙发背景线的凹位。图c进一步统一了色调，画面比较简洁统一。

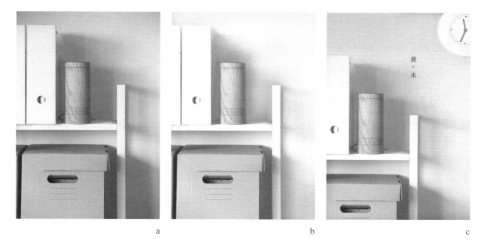

a　　　　　　　　　　b　　　　　　　　　　c

图3-86 图a为原色调。图b经过加亮画面和对纸盒进行降低纯度的调色处理，使产品更加突出。图c根据需要裁剪了构图，并在右上角空位添加了半个圆形的时钟，使画面更有和谐感和生活气息。

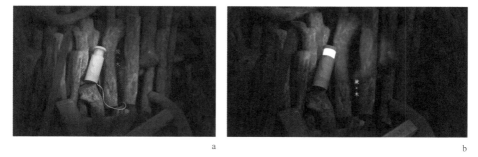

a　　　　　　　　　　　　　　b

图3-87 两图都对四周环境进行加黑，使产品更为突出。图a是亮灯前，图b是模拟亮灯后。

这个作业对拍摄的产品种类并没有限制，包括工业设计中的各个专业方向，例如家具、家电、首饰、交通工具、生活用品等，以传达产品概念为目的，所拍摄的照片可作为产品效果图、广告宣传照等。如何向别人展示你的产品，希望产品照片传达出什么信息，正是在作业练习中需要把握的地方。

"市场上不断有消费品出现，广告可以帮助产品脱颖而出。你的产品可能是全世界最好的，但顾客不知道便不会购买。"[1]一个好创意和好产品需要好的表现形式来配合。同学们在日后的学习和工作中离不开对各种产品的拍摄和图片展示。此次作业可以自己当模特自拍，也可以邀请摄影师、模特、化妆师等帮助完成拍摄，所有的一切都由你自己负责策划、组织和实施。

作业练习以拍摄产品和模特为主，可以适当辅以后期的照片处理与编排手段，但由于不是一个创意广告课题，不需要花大量的工夫进行电脑合成等特殊处理。作业拍摄要点是展示产品和传达概念，因此必须与一般生活照区分开来。

此项图片拍摄的专题练习同时要求将作业准备和制作过程用图片和文字记录下来，编制屏幕简报一份。简报的具体制作方法和要求将在下一章详述。将拍摄过程制作为简报，一方面能针对屏幕简报的版式编排做相应的练习，另一方面能让同学们更好地理解此作业中的概念构思，同时也成为作业过程的珍贵的资料档案记录。

此项作业的评判标准包括：色调和构图布局是否理想；环境道具与整体气氛是否与主题匹配；模特的动作表情是否具有感染力；产品概念表达是否表达清晰等。

部分作业点评：

图 3-88 为作者利用可以翻屏的数码相机自拍，可以方便地调整自己的动作和产品的位置。此张照片画面纯净，意境唯美模特，别致而清新。只是闭上眼睛静静地聆听，自然地透露出一种令人陶醉的感觉。图片后期处理将照片变

---

[1] 引自著名电视节目《名师出高徒》（*Design for Life*），第 6 集。

图 3-88《飞利浦耳机》，广州美术学院 2010 级设计学 2 班，冯丹迪

为黑白色调，突出了耳机罩和耳机线的橙色，运用蓝色的对比色编排文字。

图 3-89 中香水瓶散发的香气引来了蝴蝶翩翩起舞，阳光明媚的环境映衬着茂密的丛林，香气与大自然的清新融为一体，模特陶醉的表情也为照片增色不少。照片在后期处理时增加了几只蝴蝶，仔细观察，会发现只有伏在香水瓶上的那一只最大、最清晰，色彩也最斑斓，这样有助于将照片的视觉焦点集中于产品主体之上。

图 3-90 中的照片以回忆作为主题，以怀旧的色调，配合祠堂里古色古香的建筑环境，与历史悠久的回力鞋品牌形象十分契合。拍摄者选取了回力鞋最经典的款式作为拍摄对象，带点污渍的鞋子本身也透露着年轻岁月的味道，模特的脚踝上贴了小星星，目的在于使照片整体和细节都呈现出一种独特的美好情怀。好的照片需要经过恰当的后期处理，如将背景中的灯光明度减弱，以突出前景的主体物，整体施以旧照片的棕黄色调，文字的编排也与球鞋上的红色图形互相呼应。

图 3-89《香水》，广州美术学院 2010 级工业 1 班，林惠敏

图 3-90《回力鞋》，广州美术学院 2010 级设计学 1 班，黄颖怡

图 3-91《凌仕沐浴露》，广州美术学院 2010 级设计学 2 班，金永平

　　图 3-91 中的凌仕是男士护理品牌，其沐浴露产品的包装也极具男性的特质。照片中男性强壮的背影配以蝙蝠侠的 logo 形象，纯白的背景只需要在旁边简单地辅以两条白毛巾，便能营造出浴室的环境，加上背上的水滴，让人联想到模特刚刚沐浴完。模特的姿势看似随意，却十分考究。模特动作自然而又不遮挡产品形象是很必要的，它能使观者清晰地看到手执沐浴露的品牌信息。照片的后期制作主要包括合成蝙蝠侠的图形、背景的毛巾以及对 4 种不同沐浴露的产品展示。整幅照片富有视觉冲击力，敏锐地抓住了观者的心理感受，让人感到使用此产品后，会如蝙蝠侠一样强大。不过要注意的是，如果作为真正的产品推广广告，蝙蝠侠的 logo 形象是有版权的，不能随意使用。

结论：

　　通过这项练习，希望能让大家意识到一张图片除了需要注意构图、色调等基本美学要素外，画面中的各种细节都会影响照片的观感。为了传达明确的概念，产品形象与人物形象的搭配、模特的表情和动作姿势的配合，以及其他道具环境的协调，加上文字图形的布局，都需要做相应的思考。在日后的作业练习和项目工作中，除了产品本身，各种辅以表达产品形象的图像信息都应该列入考虑的范畴。不但是静止的照片，动态视频的拍摄制作、现场汇报的表达讲演，也同样需要注重这些细节信息可能产生的影响。

4. 视频拍摄作业

作业要求：

每人准备一个 1 至 2 分钟的视频。

内容：选择本章所教的 3 种典型视频模式中的一种进行拍摄。

（1）以作业《小车快跑》为主题，讲述你的故事；

（2）以过去的一个作业为例，讲述其制作过程；

（3）以产品调研课程的作业为例，讲述调研的结果。

视频格式要求：mp4. 或 avi. 格式。

视频压缩后尺寸：100MB 以内。

部分视频作业点评：

《小车快跑》其实是广州美院工业设计学院二年级学生的一个结构工程练习作业。如果只从功能的角度去讲述小车的原理，将会是非常无聊的事情。但是同学们非常具有创造力，综合运用了多种表现手法来讲述"小车这件作品与设计师之间的故事"。

作业一：《小人与小车》（作者：朱华辉）

此视频有一个非常有趣的视频剧本。设计师运用定格动画的制作手段，以微观的镜头，描述两个小人同心协力地完成一辆小车的制作过程，颇具童话色彩。

扫描二维码，随身看视频

《小人与小车》视频二维码

图 3-92《小人与小车》视频截图

作业二:《一次作业的故事》(作者：林思安)

这是一个采用写实手法来拍
摄的视频，记录了设计师的整个
创作过程。从上网寻找资料学习
杠杆传递原理，到购买材料、组
装测试、摄影等全过程都记录在

扫描二维码，随身看视频

《一次作业的故事》视频二维码

内。虽然视频某些场景的过渡不是很自然，但这些技术问题并不阻碍作者表达
其创作理念。

作业三:《魔法帽与我的小车》(作者：阮凌梓)

明显可以看出作者作业完成后才考虑到制作视频，这时已经很难找全制作
过程的各种素材。所以作者把视频分成两个部分：第一个部分以动画的方式，
讲述魔法帽如何把小车的零配件组合起来；第二部分展示完成后的真实的小车

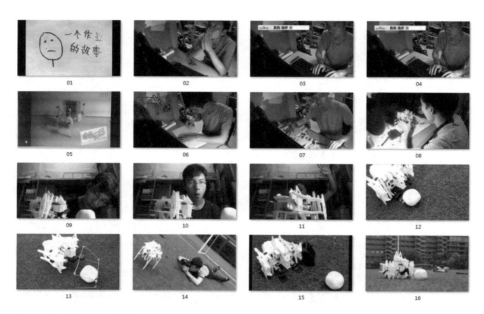

图 3-93《一个作业的故事》视频截图

扫描二维码，随身看视频

《魔法帽与我的小车》视频二维码

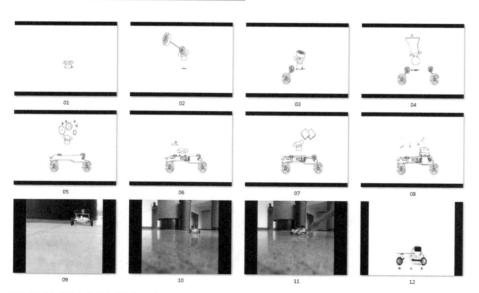

图 3-94《魔法帽与我的小车》视频截图

是如何运作的。此视频整体不够紧凑，过渡画面过多。

作业四:《木戒指制作》(作者:阮展豪)

讲述制作过程的视频相对来说会比较容易制作，更多的是画面美感的展示。此次视频作业中很多同学使用了木工制作的作业，如制作一个木戒指、木手镯或木珠项链等。

此视频拍摄得非常唯美，包含很多细节，很好地展示了整个制作过程。但是整个视频节奏比较平均，缺乏一些戏剧性的亮点。此外，此视频如果能再补充一些旁白，将会更精彩。

扫描二维码，随身看视频

《木戒指制作》视频二维码

图 3-95《木戒指制作》的视频截图

本章小结

　　图片和视频是视觉传达中强有力的表现手段。无论是网络资料收集，还是自己拍摄制作，它们最终都必须以最佳的效果示人。要想成为一名专业的设计师，必须牢记常用的资料图、手绘设计图和产品模型图的拍摄和后期处理要点，规范各类图片的使用。同时，视频不仅仅是技术问题，也事关策划，从导演的角度去思考剧本、演员、布景、旁白、音乐，控制时间与节奏感，学会灵活运用以人、物、事为主线的三种典型视频结构来讲述设计理念、制作过程或某个事件。

关键词

　　图片，产品拍摄，视频策划

思考题

　　尝试把视频《9 块饼干与粮食浪费》改成设计汇报的形式，考虑应该运用哪些图片？每个页面有什么内容？逻辑顺序又是怎样？

推荐阅读

　　〔美〕加尔·雷纳德（Garr Reynolds）:《演说之禅·设计篇——完美呈现的设计原则和技巧》，王佑、汪亮译，电子工业出版社，2010 年。

第四章

网格版式编排与标题导航设计

内容摘要：本章讲述设计汇报的版式编排原则，如怎样运用网格系统进行版面编排，并利用标题导航来标明和引导汇报的进行。

第一节 图文版式编排的构成原理与导则

初学者在进行版式编排时，版面常常会显得脏、乱、花，这是由于其对页面构成原理没有系统的了解，或者在实际编排操作时对其不予以重视。下面针对以往的学生设计汇报作业中的常见问题，总结出图片、图示、文字等元素在编排中应特别注意的事项。这些导则在后续的练习和作业中会被加以强调和运用，使理论与实践得到有效的结合。

一、页面中避免过多的图片和文字，图片尺寸类型也不宜过多

无论是印刷打印的纸质版面，还是演讲报告的电子屏幕版面，页面的面积都是有限的。堆放过多的图片文字，会让版面信息过量，以致拥挤不堪，而过多的图片文字同处于一个页面，也必然要缩小字号和图片面积，不利于观看。在 1024×768dpi 的通用演示屏幕下，有限的屏幕像素已遏制了页面图片文字的显示精度，如果每张页面中的信息量过大，会让人产生不适感。

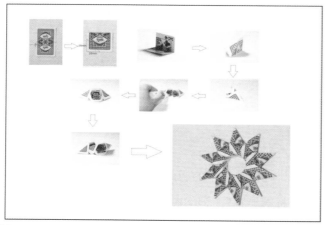

图 4-1 图片数量过多，版面空间也没有得到合理利用，图片的面积和精度被迫大幅缩小和下降。每张图片在没有经过合理剪裁的情况下，在屏幕上的显示像素只有大约 120×80dpi，基本无法看清图片内容。

图 4-2 此图由多张图片组合而成，加上每张图片本身构图都过于饱满，编排时各图片之间的间距也不够，导致画面显得拥挤。另外，由于编排时没有考虑好布局，图片周围的留白显得十分怪异。

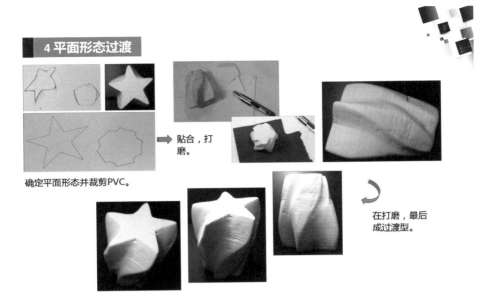

4 平面形态过渡

贴合，打磨。

确定平面形态并裁剪PVC。

在打磨，最后成过渡型。

图 4-3 图片尺寸过多，版面难以统一。这样的版面显得散乱而没有层次。

一张页面中如果有多幅图片，应该给图片的尺寸拟定几个标准的规格。例如同类的图片可以设定统一的大小规格；而不同大小规格的图片，则可以标示先后顺序。如果尺寸类型过多，每一张图片在尺寸规格上都有差别，分布于页面上自然会显得散乱。尺寸的差别会让图片的主次关系变得不明确。排版的时候，不妨在视觉比例关系上，大体将图片调整为大、中、小几个层次。

二、统一图片和文字的边线，统一各元素之间的距离

当页面中有多张图片时，需要有组织有规律地对其进行编排。编排的基本策略之一便是将图片的边线进行统一，让图片水平对齐或垂直分布。没有经过统一规划的版面，将十分不利于汇报表达。调整各部分的边线后，能使版面显得富有整体性，也使各类信息层次清晰，便于观者理解文字内容脉络。

如果将每幅图片的长度或宽度统一，横排或竖排的时候便能对齐上下或左右两条边线。有时候，因为图片的大小形状不尽相同，不能对图片进行统一

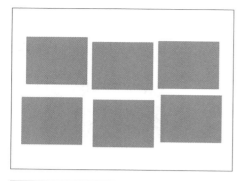

图 4-4 没有对齐分布的图片
给人散乱的感觉。

图 4-5 对齐图片的边线使版面整齐有序。

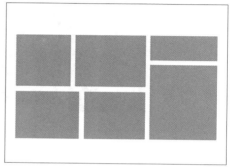

图 4-6 当图片大小比例不相同的时候，应尽量对齐某
一边或对齐外框。

处理，但即使只是对齐外框的一条边线，也能减轻视觉上散乱的感觉，如图
4-6。

　　页面中的各种元素需要按照一定的间隔关系来安排。这样既可以表现各部
分内容的疏密层次，也能给人以整齐的印象。距离间隔不宜设定过多的类型，
否则观者很难理清各部分内容。

　　版面元素的间隔包括图片间隔、文字间隔、图文间隔这三种。其中文字间
距的统一，特别要注意行间距和段落间距的排版规则，使之符合文字的可读
性原则；另外还要注意文字段落和标题之间的距离。而作为不同排版要素的各
种图片与文字之间，也应该统一设置适当的间距，以便增强其互相之间的关联
性，让人一目了然。

　　图 4-7 中，版面中图片没有对齐，图片说明文字随意放置，缺乏与对应图

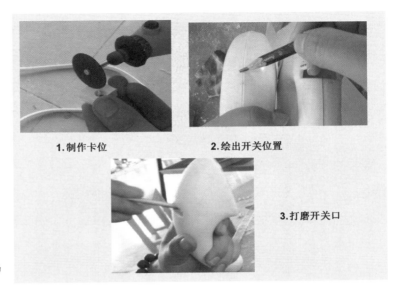

图 4-7 调整前的
版面

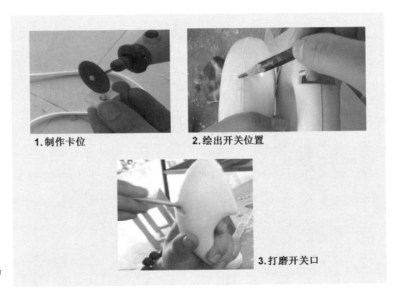

图 4-8 调整后的
版面

片的关联性。在对图 4-7 进行调整时，工作主要包括如下：

（1）通过缩放和裁剪来对齐图片的高度边线；

（2）说明文字靠近对应图片放置；

（3）统一页面边距。

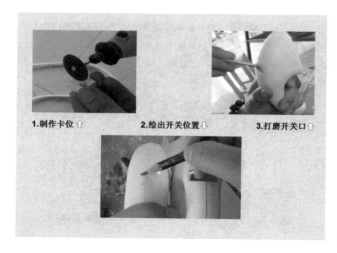

图 4-9 调整后的版面

图 4-9 中，调整工作主要如下：

（1）通过缩放和裁剪来对齐图片的高度边线；

（2）说明文字以箭头明示对应图片。

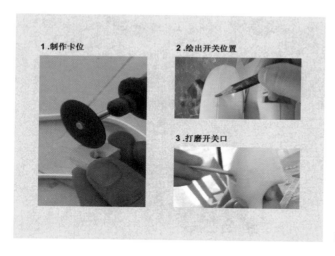

图 4-10 调整后的版面

图 4-10 中，调整工作主要如下：

（1）通过图片大小突出重点内容；

（2）统一其中部分图片的比例和宽度，并对齐图片的边线；

（3）说明文字靠近对应图片放置；

（4）统一页面边距，统一文字说明与对应图片的边线及距离。

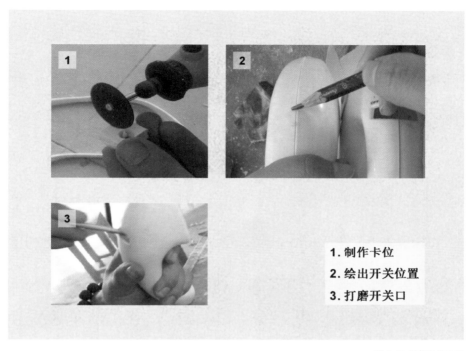

1. 制作卡位
2. 绘出开关位置
3. 打磨开关口

图 4-11 调整后的版面

图 4-11 中，调整工作主要如下：

（1）统一部分图片的比例和宽度，对齐图片的边线；

（2）图片上统一以半透明底框衬底标示序号；

（3）背景的空白位置以半透明底框标示对应序号的说明文字；

（4）说明文字底框与图片边线对齐。

三、对元素进行适当的划分，并区分先后顺序

1. 将同类内容就近排列整合，通过元素间的距离差划分组别

通过调整各部分要素之间的间隔距离，来表现它们之间的关联强弱。临近的内容让人感觉它们之间的关系更密切。属于同一类、同一组的元素采用就近安排原则，将不同内容的元素安排在较远的位置加以呈现。例如版面中存在多张图片和分别与之对应的文字说明时，应先将某图片与其对应文字整合，就近安排列为一组，以便和另一组图文区分开来。

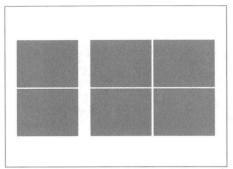

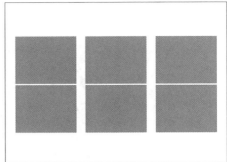

图 4-12

图 4-13

图 4-12、图 4-13 通过间距将图片分别分为两组、三组。

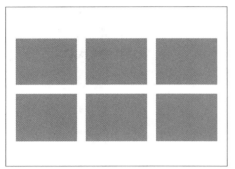

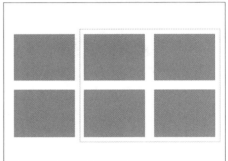

图 4-14 没有区分组别、只是简单统一排列后，各
元素之间是并列的关系。

图 4-15 利用边框区分、突出组别

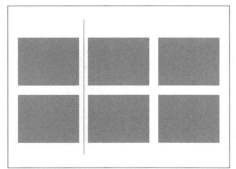

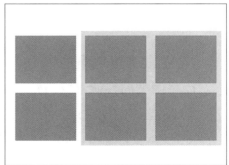

图 4-16 利用分隔符区分组别

图 4-17 利用底色区分组别

组与组之间的距离也应统一，按照不同层级有所区分，但各种间隔距离的宽窄种类不能太多，不同间隔之间的差距也要适当。若不容易看出差距，也就难以区分各个组别间的层级关系。

2. 利用边框、分隔符和底色对元素进行统一与划分

当多种图片和图形分布在版面中时，由于它们的造型边线、明暗色彩、风格等往往不尽统一，放在一起可能会令人感觉过于跳跃。这时候，可以利用同一种边框将它们统一起来。用来区分组别的边框可以是分隔符，也可以是统一的底色。统一边框的图片也会让人轻易感觉它们同属一个类型。当某些图片边缘与同明度的背景色混为一体（图 4–18）时，适当使用边框能避免图片边界模糊不清（图 4–19—图 4–21）。

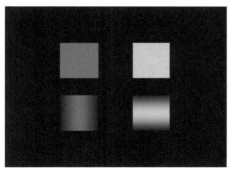

图 4–18

图 4–19

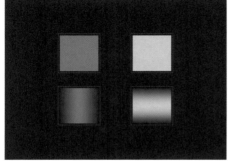

图 4–20

图 4–21

图 4–19—图 4–21 通过统一的边框，可以解决图 4–18 中图片边缘与背景底色的融合问题。

3. 根据元素排列的位置区分先后顺序

当页面中的内容有先后顺序时，就必须使用清晰、明了的方式来标明这种顺序。需注意的是，若遇到竖排古文这类特定的编排，一般情况下人们的阅读习惯依照自上而下、从左到右的顺序。此时，若出现多张图片，且有先后次

图 4-22 元素之间间距相等，并列的关系使阅读顺序不够明确。

图 4-23

图 4-24

图 4-23 中，较近的元素关系更密切，上方两个方框与下方两个方框距离较远，引导阅读顺序为左上、右上、左下、右下。图 4-24 更加清晰地标明了这一顺序。

图 4-25

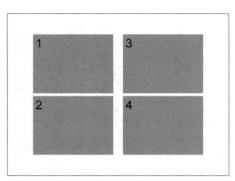

图 4-26

图 4-25 中，较近的元素关系更密切，左方两个方框与右方两个方框距离较远，引导阅读顺序为左上、左下、右上、右下。图 4-26 更加清晰地标明了这一顺序。

序，应该按照此顺序依次排列分布。与此同时，通过间距也可以区分多个元素排列的先后顺序。

4. 根据图片和文字的大小区分先后顺序

通过图片的大小来区分内容的先后顺序，将希望观众注意的部分放大，然后根据尺寸的大小来安排顺序的先后（图 4-27、图 4-28）。希望重点强调的文字，也可以通过调整字号的大小和粗细来处理，例如一般可将标题设定为更大的字号，用加粗等方式突出显示。需要注意的是，应在适当范围内调整字体的粗细程度。过分加粗文字，会因字形的间隙布白过少，变得模糊而不方便阅读。

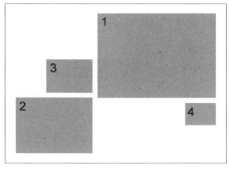

图 4-27　　　　　　　　　　　　　　　　　　　　　　　　　　　图 4-28

图 4-27 通过图片的大小来区分内容的先后顺序。图 4-28 更加清晰地标明了这一顺序。

四、采用统一的排版规则，保持一定的版式结构

在印刷物的排版中，元素内容比较丰富，首先要处理左右两侧页面的版面格式，例如设定相同的页边距，统一标题和正文的字号、行距、字距、段间距等。然后需要统一前后相关各页的版式。设定统一的版式后，印刷物在实际制作过程中由于打印、裁切、装订等误差，版式位置可能存在轻微的不对称和错位，但是翻页的过程中基本不会影响阅读。而在屏幕汇报的版面编排中，由于版面和投影都是固定不变的，不同页面之间的版式位置和字体格式稍有不同，在页面切换的过程当中便会非常明显。没有统一格式位置的汇报页面，往往在演示过程中因为页面切换，文字标题、图片、正文段落等元素在屏幕相近的地

方不断挪动，即使是轻微的变动也会引起视觉的注意，从而分散观众注意力，极大地影响演讲汇报的效果。因此，在屏幕汇报中尤其要注重统一不同版面的格式和位置，在后文将详述如何利用网格系统进行排版以统一版式。

第二节 网格系统在常规版式中的应用

设计汇报中，任何页面在展示前都必须处理、协调各种元素，如图片、文字、标题、图示、表格等各种信息。所有这些元素如何被组合在一起，如何分布在合适的区域，都需要依据一定的视觉秩序来处理。需要考虑的元素越多，使版面协调一致的难度就越大。一个好的排版文件，一定具有一定的逻辑，以便于实现有效的信息传达。对于初学者，一个十分有效的方法是设定一个逻辑网格，并且合理地利用它们，严谨地按照网格系统去编排版面。

网格系统将页面划分成一个个小方块，这些单元格成为对文字、图片和图示等元素进行排版的有效参照。网格扮演着组织者的角色，特别是当小组成员为了一个设计项目协同合作时，更应采用一个统一的网格标准系统，以便大家统一排列诸多元素。网格是排版工作中十分重要的工具，利用它既可以进行工整严谨的系统处理，也可以表现灵活的有机联系，而要在设计运用中使其包含复杂变化，是需要一定的创造性思维和驾驭能力的。

利用网格进行设计的好处很明显，它清晰明了、快捷高效，为整个设计汇报系列感的形成搭建了科学有力的基础，极大地提升了编排工作的效率。在开始其他工序之前，网格可以为版面设计提供比较系统的编排秩序，以便分别处理不同类型的信息，让人更便捷地搜索到需要的内容。各种各样的网格为文字、图形提供了多样的标准结构，在设计初期对各种元素进行布局时，利用网格可以在非常有限的时间内编排大量的信息，因为在建构网格结构的过程中，许多设计思路就已经得到妥善的安排和落实。

在本节的介绍和课堂作业中，将利用最简单的网格常规版式，以便让初学者简单、高效地编排出整齐统一的汇报版面。

一、演示屏幕的常规网格版式应用

　　目前大多数投影屏幕通用规格为 4：3，分辨率为 1024×768 dpi。如果在设定版面的时候采用竖构图或宽屏的比例，在通用的普通投影屏幕上进行演示时，在保持规定比例的前提下无法达到满幅全屏的效果。当屏幕上下或左右不得不留出大面积黑边时，可显示面积被迫减少了很多，版面元素无形中便被缩小了。这种情况会使在教室、礼堂等大环境展开的屏幕演示汇报处于劣势，导致一些观众无法看清内容，使观众产生疑问。一般情况下，竖构图的版面编排是不应该出现在屏幕演示汇报当中的，而宽屏的版式编排则需要根据实地演示设备和环境来决定是否采用。如果确实需要宽屏显示，那么最好使用 16：9 的电视或投影机，切记不要因为自己编排时使用的家用电脑的显示器是宽屏的，而盲目采用宽屏比例进行版面编排。

　　另一方面，由于目前的投影屏幕分辨率通常为 1024×768 dpi，因此演示版面的像素不能低于这个标准，否则显示效果会很模糊。而即使是高清设备，其分辨率目前也普遍只有 1920×1080 dpi，因此，如果版面像素设定得太高，只会造成浪费。对于一些相机拍下的数百万像素的高清图片，建议进行压缩后再进行编排使用，因为过大的文件容易造成系统运行不稳定。版面中图片的像

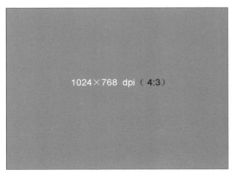

图 4-29 大多数投影屏幕的比例为 4：3。　图 4-30 16：9 的宽屏编排在 4：3 的屏幕中演示时无法布满全屏，屏幕上下被迫留空。

素大小则可以根据网格的大小与所占比例来设定。

　　利用网格进行编排，需要将页面中的图片、文字、标题、图示、表格等各种元素与网格参考线对齐。这样做的好处是确保页面采用统一的版式，使得前后切换页面时，各种元素不会产生无意义的视觉跳动。网格的使用一方面限定了图片的比例，可以根据网格线裁切图片的大小；另一方面也方便统一图片、文字等元素之间的边距和间距。

　　使用 64×48 格的屏幕演示网格版式能达到一定的自由度与效率，例如一个版面编排三张图片时，可以设定图片之间相距 1 格，标题高度 4 格，每行说明文字高度为 2 格，等等，能迅速形成一定的版式结构规范（图 4-33、图 4-34）。

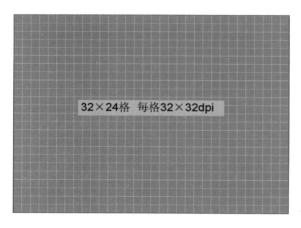

图 4-31 以 32×32dpi 作为单元格，可分成横向 32 格，竖向 24 格的网格版式。

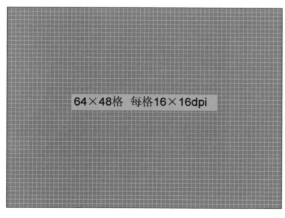

图 4-32 以 16×16dpi 作为单元格，可分成横向 64 格，竖向 48 格的网格版式。

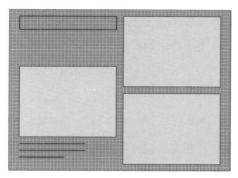 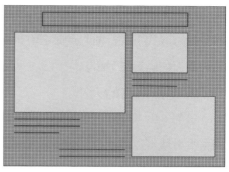

图 4-33 图 4-34

图 4-33、图 4-34 使用了 64×48 格的屏幕演示网格版式，可迅速形成一定的版式结构规范。

1. 用网格统一字距和行距

文字应以整体段落来编排，使每行文字的底部和两端分别与网格线对齐，而无需强调单独一个文字填满一个或几个网格。这关系到字距和行距的设定，影响到文字的可读性。

适当的行距会形成一条明显的水平空白带，以引导浏览者的目光，但行距过宽会使文字失去较好的视觉延续性。除了对于可读性的影响，行距本身也是具有很强表现力的设计语言，为了加强版式的某些效果，可以有意识地加宽或缩窄行距，体现独特的审美意趣。

同时，行距的设置也要参考字距的大小，一般来说行距应该比字距大（行

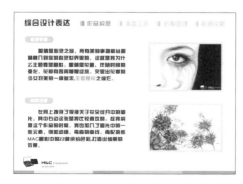 

图 4-35 利用 64×48 格的网格编排的版面，此图隐藏了网格效果。

图 4-36 文字每行的底部边线对齐网格，同时保持适当的行距。

距为字距的 120% 以上），否则会造成阅读时不知道是横读还是竖读的障碍，而且换行寻找下一行的起点时会有困难，影响阅读。当然，大字体可以灵活调动间距，如隔行压网格。

2. 选择网格的大小

虽然 64×48 格的网格版式已经能适用很多情况下的编排需要，但实际上网格参考线可以根据自己的实际需要来设定。通常来说，网格越小，编排的自由度就越大。但是请注意，过密的网格虽然使用时自由度更大，但在实际操作中会影响编排效率，格数越多，越难保证各元素之间的间距相等，甚至因为网格太小而令人觉得眼花缭乱。

当编排处理多种元素时，第一步是权衡每一元素的重要性，确定要给每种元素多大程度的重视，随后从选择标题的字体、大小、宽度着手，再以相同的程序处理副标题与正文。正文的排版也要注意，如正文应占多少行？标题与正文的位置如何摆放？图片与文字的宽度是否匹配？版面看上去会否太空或太挤？在作出最后决定前，可尝试各种排版方式。

图 4-37 图 4-38

图 4-37、图 4-38 利用 128×96 的网格编排能取得更大的自由度。

二、打印文档的常规网格版式应用

1. 打印文档常规网格

除了屏幕的版面需要编排，在实际的汇报应用中，有时需要打印分发文档作为汇报的辅助说明，有时也需要打印大幅面的海报进行宣传展示。竖构图的版面常常在各种作业报告和展览汇报中被使用，在教学中也需演练打印文档的常规网格版式编排。

在网格版式中，分栏有利于段落文字的阅读。当然，不同的编排有不同的骨骼，不同的纸张开本和不同的语言也会对其产生影响。例如英文字符相对中文来说比较简洁，其版式行距可以窄一点。而大开本页面采用较大字号的字体时，行距应相对宽松一点，可以根据正文的字号大小来确定网格行距尺寸。

利用网格可以高效地排版，图片和文字段落可以跨栏放置，每栏长宽比例可根据网格线随意调整。由于段落和图片的宽度限定在1栏至4栏这几种尺寸，因此版面整体感觉会比较统一，如图4-46至图4-48。分栏网格版式的具体使用方法请参见本章练习部分。

图4-39 A4中文文档（210×297mm）中，可以以6×6mm为单位，横35格，竖49.5格。6mm行距适合中文排版（采用正文12磅字体）。

图4-40上边距3格，下边距3.5格，左边距4格，右边距2格。

图 4-41 左侧预留装订位

图 4-42   图 4-43

按网格可将文档分为 2 栏（图 4-42）或 3 栏（图 4-43），以便排版。

图 4-44 分 4 栏需更细的网格，每栏占据 6.5 格宽度。

图 4-45 A4 英文文档网格版式规格可以以 6×4.5mm 为单元格，分成横向 35 格、竖向 66 格的网格版式。左边留出 24mm（4 格），右边留出 12mm（2 格），上边留出 3 格，下边留出 4 格。再按需要分栏。

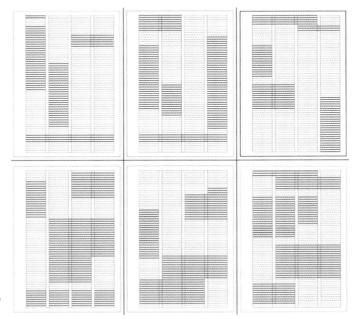

图 4-46 利用网格版式编排文字。

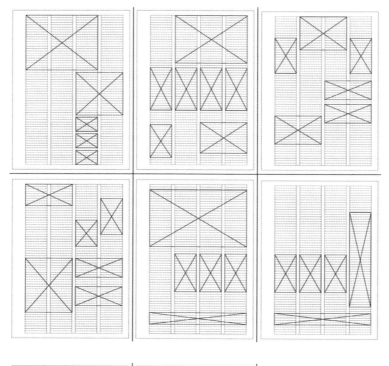

图 4-47 利用网格版式编排图片。

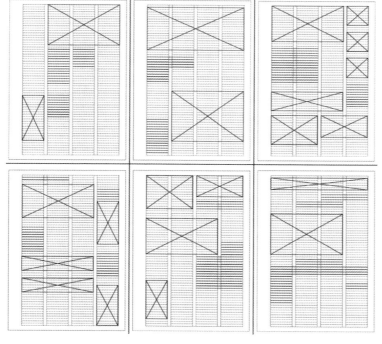

图 4-48 利用网格版式编排图片和文字。

2. 文字编排的行距换算

网格系统对于文字的要求十分严格，文字编排时要考虑网格的大小、字体的大小和字体行距等问题。若要让每一行文字的底部处在网格上，就需要利用公式去计算每个字号该用怎样的行距。

格子高度 ÷ 字体高度 = 字体行距

例如最后得 125%，就是 1.25 倍的行距，即你所使用的字号的 1.25 倍。这个百分比一般要大于 120%，小于 180%。

点数制是目前国际上最通行的印刷字体的计量方法。"点"是国际上计量字体大小的基本单位，从英文"Point"翻译而来，一般用小写"p"来表示，俗称"磅"。

1pt=0.35146mm

按照上述公式，如果要让 10pt 的文字（即 3.5mm 高的字体）压在网格线上，比较适合采用 4.5mm—6mm 高的网格。又如 12pt 的字约为 4.2mm 高，而 10 点与 12 点为一般印刷品的正文字号，前文所建议的中文打印文档网格宜采用 6mm 高为一行。

表 4-1　各种字号的大小与适用范围

字号	磅数	尺寸（毫米）	像素（px）	适用范围
初号	42	14.76	56	标题
小初	36	12.65	48	标题
一号	26	9.138	34	标题
小一	24	8.435	32	标题
二号	22	7.732	29	标题、屏幕正文
小二	18	6.326	24	标题、屏幕正文
三号	16	5.623	21	标题、屏幕正文
小三	15	5.272	20	标题、屏幕正文
四号	14	4.920	18	标题、公文正文
小四	12	4.218	16	标题、正文
五号	10.5	3.690	14	书刊报纸正文

（续表）

小五	9	3.163	12	注文、报刊正文
六号	7.5	2.636	10	脚注、版权注文
小六	6.5	2.284	8	排角标、注文
七号	5.5	1.933	7	排角标
八号	5	1757	6	

以前述网格版式的 6mm 网格尺寸与 12 磅字体代入公式：格子高度 ÷ 字体高度 = 字体行距，即 6mm ÷（0.35146 × 12pt）=1.42 倍行距值。

例如图 4-49 中这段文字采用的是 6mm 高的网格，12 磅字体，经过上述公式的换算，应采用 1.42 倍行距，这样文字段落换行后每一行文字都能压在网格线上。但请注意不同软件可能并非都以字体磅数为单位，此公式仅表示网格高度与字体高度的倍数比值。

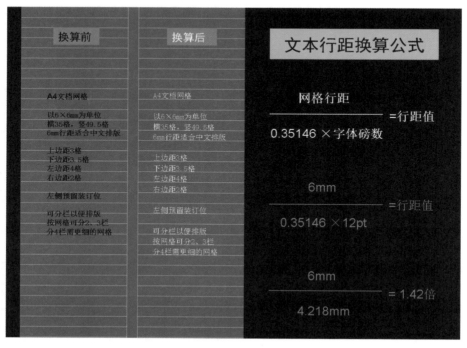

图 4-49

Coreldraw X4 软件行距换算应用示例

以编排软件 Coreldraw X4 的应用为例，其默认的段落和字体行间距是100%，12 磅字号的文字段落在 6mm 高的网格里，无法每一行都对准网格线。欲运用上述公式更改字体行间距时，段落和行的设置应选择"点的大小 %"一项。

12 磅字号的段落在 6mm 行距的网格上编排，在套用上述公式后行距值是

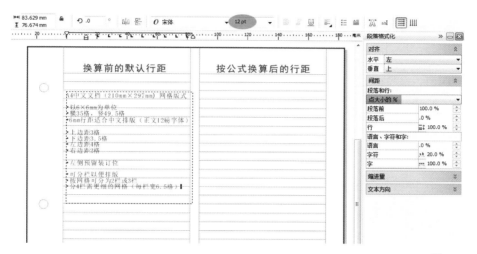

图 4-50

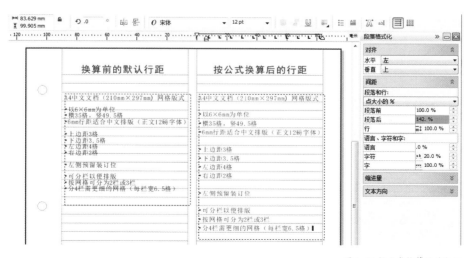

图 4-51 按公式换算后的行距

1.42 倍。由于文本框中的每行文字经过了段落换行，因此应在右边的"段落后"里将数值设置为 1.42 倍，即 142%，这样文本框里的每一行文字就能刚好压在 6mm 行距的网格线上。

第三节 设计汇报的层次结构与标题导航

一、标题导航的作用

我们在浏览网站时，会在页面左边或上边看到该网站的导航条，一目了然地明白自己目前处于网站的什么位置，并随时能返回首页或跳到网站的某个页面。在幻灯片报告中，我们也可以在页面中加上这种导航标题，尽管不需像网站一样将导航图标都加上网页链接，但是清晰的导航标题仍能为我们带来不少益处。

1. 提升版面的设计感与专业感

很多初学者的汇报版面只是随意放置几张图片和一些相关的说明文字，或者再配以底纹背景，编排显得十分单调。缺乏设计编排感的版面，即使使用了网格进行编排，仍然无法传达出专业性。一项比较容易实施、却能有效增加设计专业感的方法，就是根据汇报内容的层次结构，在页面上增加标题导航设计。

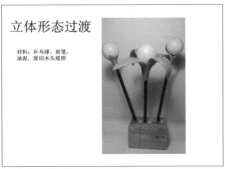

图 4-52

图 4-53

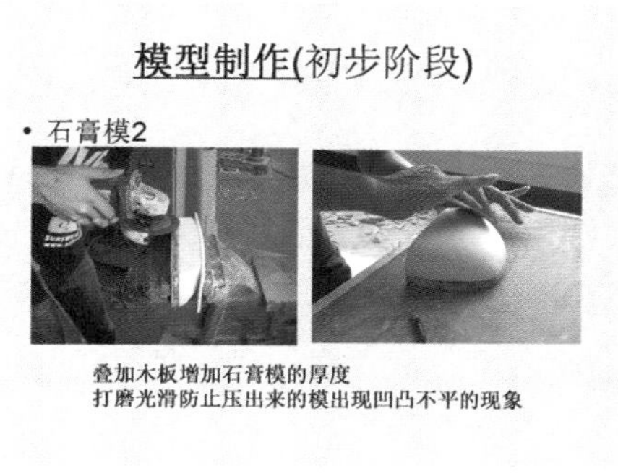

模型制作(初步阶段)

• 石膏模2

叠加木板增加石膏模的厚度
打磨光滑防止压出来的模出现凹凸不平的现象

图 4-54

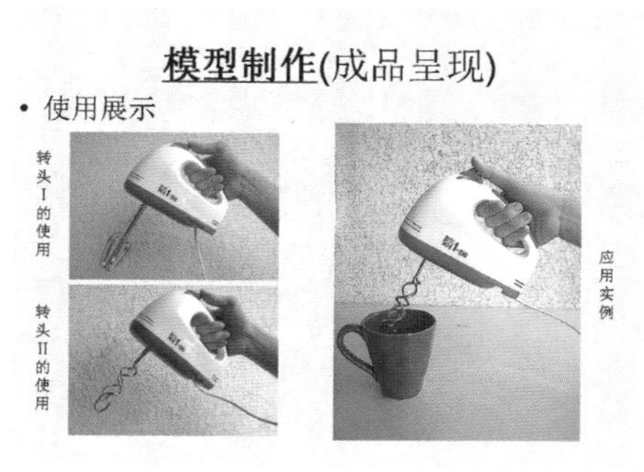

模型制作(成品呈现)

• 使用展示

转头Ⅰ的使用

转头Ⅱ的使用

应用实例

图 4-55

图 4-52—图 4-55 为汇报版面反面示例，编排混乱且十分单调。

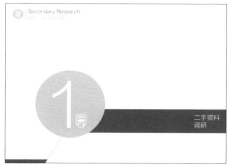

图 4-56

图 4-57

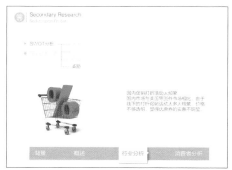

图 4-58

图 4-59

图 4-56—图 4-59 采用统一的标题导航设计，增加了编排设计的美感，并提升了汇报的专业性。

2. 创造专属模版，统一编排设计风格

根据汇报主题度身设计专属的标题导航系统，可以打造出属于自己独一无二的模版，也能避免采用常规模版容易"撞车"的情况。而且，采用统一的标题导航有利于统一不同页面的整体风格，形成序列感。特制的模版也有利于小组分工合作时采用统一的版式结构。

图 4-60

图 4-61

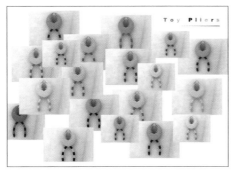

图 4-62

图 4-63

图 4-60—图 4-63 配合主题风格设计了专属的模版与标题导航。

3. 明确当前页面内容，提示汇报的层次结构

运用网格进行编排对于初学者来说，也许仅仅能让页面快速地变得整齐划一，而页面之间的更深层次的"统一"则可依靠标题导航来帮助实现，对其充分运用能使整个汇报的层次结构清晰明了。一般的标题导航主要提示当前页面

图 4-64

图 4-65

图 4-64—图 4-66 每张页面中的导航标题，提示当前页面所处的位置与本页的内容信息。

图 4-66

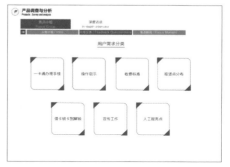

图 4-67

图 4-68

图 4-67—图 4-69 中，章节标题导航提示了每一个章节的层次结构，适用于结构比较复杂的报告，而整体结构导航则适用于结构比较简单的报告。

图 4-69

正在讲述的内容，而整体和章节导航除了能明确当前页面内容外，还能提示整个报告的内容结构与层次脉络，示意当前正处于汇报演讲的哪一个阶段，从而帮助观者理解汇报内容。

二、标题导航的层次结构和版面常规要求

◎ 汇报的完整形式结构一般包括：封面、目录页、正文页、结束页；

◎ 汇报页面中的内容一般包括主题、章节、标题、正文；

◎ 汇报页面的色彩一般设定为 3—5 种。

汇报的层次结构在版面设计上应该有其对应的格式，在页面构图中主要依靠字号、字重、字距等的变化来确定层次关系。如果已经明确地建立起不同级别的层次，则可以再使用不同的色彩来进一步划分每个级别，使它们之间呈现出更为明显、直观的层次关系，继而通过点、线、面等元素来处理字体编排的问题，使版面更具整体感和韵律节奏。

例如页面中分别属于主题、章节、标题、正文的文字，若采用同一种字体，并且大小没有任何变化，便很难分辨出各自所属的层次。而将字体作从大到小的区分，在字体上采用从粗重到轻细的变化，并调整好行距等，就很容易令人区分出主要和次要信息。在整个幻灯片的汇报结构中，主题名称、每一章节内容、页面标题，以及正文内容等不同级别的信息应分别采用固定的字号、字体、字距、颜色等，如此，内容条理就能十分明晰。

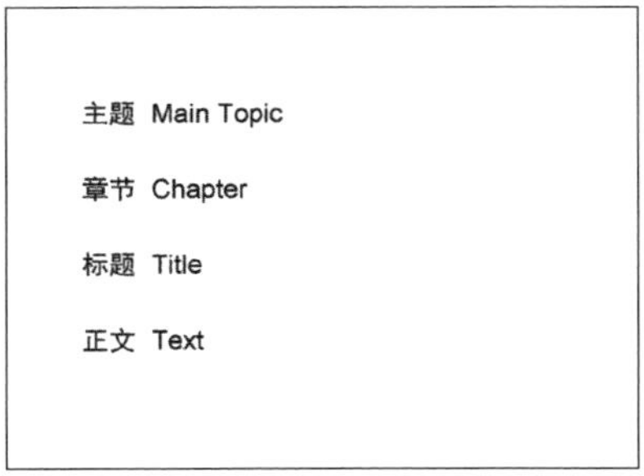

主题 Main Topic

章节 Chapter

标题 Title

正文 Text

主题 Main Topic

章节 Chapter

标题 Title

正文 Text

图 4-70

图 4-71

图 4-70 中同一字体字号使得层次混淆，而图 4-71 运用字号大小拉开层次，加上字体字重的变化，使得各层次更容易区分。

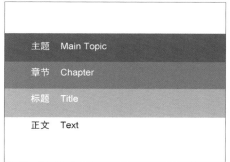

图 4-72

图 4-73

图 4-72、图 4-73 区分了不同结构层次中字体与背景的明暗对比度，层次关系也会被拉开。

　　我们可以结合色彩来进一步区分层次结构，把位于层次关系顶端的信息设定为色泽较深且醒目的红色，而把次要的信息设定为冷灰色。尽管它们色彩的

图 4-74

图 4-75

图 4-74、图 4-75 使用色彩来进一步区分层次结构。

图 4-76

图 4-77

图 4-76 设定的色彩使文字与背景的对比度不够明显，可以如图 4-77 那样采用阴影、边框等强化方式来凸显。

明度相似，但是纯度较高的红色字体在空间中更具前进感，易吸引人的目光，而冷灰色的字体则低调、平稳，以红、灰标色的两种级别的文字在视觉上的层次关系会被拉开。

汇报版面中设定 3—5 种搭配色彩，能避免初学者在色彩搭配上过于花乱，也可以在标题、目录、章节、正文页分别采用所选 5 种颜色中的任意 3 种来搭配，以丰富视觉效果。在这里，色彩的设定主要是指简报中的标题导航、页面字体、背景、版面色块和一些附加设计元素的色彩，不包括图片图示等内容。但是在设定主题色彩之后，在编排图片图示等内容时也要慎重考虑其色调与主题色是否和谐。

在确定了关乎层次结构的字号、字体字重、色彩等因素之后，编排时便可以将之运用到整个报告的页面制作中，如章节使用的字体格式可以运用在每一章节开始的提示页面里，章节页的使用也能使汇报不同内容阶段的区分更加清

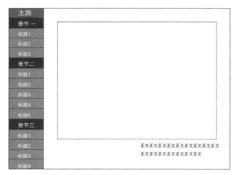

图 4-78 将主要章节目录在导航中列出。

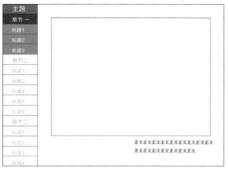

图 4-79

图 4-80

图 4-78—图 4-80 采用不同的形式着重提示当前正在演示的页面。

晰。而每一个页面的标题导航设计，可以只局部提示当前页面的标题，也可以同时提示整体或本章节目录。局部提示主要是在页面上标示出当前页面的章节号、章节标题或页码等内容；整体章节导航则是在页面标题导航中将整体的章节目录或某章节的主要标题内容列出，并凸显出当前页面的章节标题部分。

标题导航一般编排在页面的四周，大多分布在页面上方或者左方。采用整体导航的每一个页面都会标示出它在整个汇报中的结构位置。由于整体目录结构内容比较多，因此导航标题的字号一般会被缩小编排，其所占版面比例不宜过大（建议最多不超过 1/4 版面面积），并应注意采用合适的字号、字体和色彩，使得演讲汇报既层次清晰，又不影响页面正文内容的阅读。

图 4-81　在页面左右上方都设置了导航标题，占据版面面积过大，导致页面内容拥挤。同时正文字号过小，影响阅读。

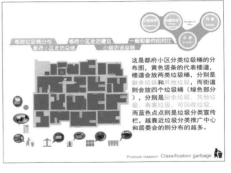

图 4-82　导航标题的设计使左上方留出大面积空白，且文字字号太大，与图示的比例不匹配。

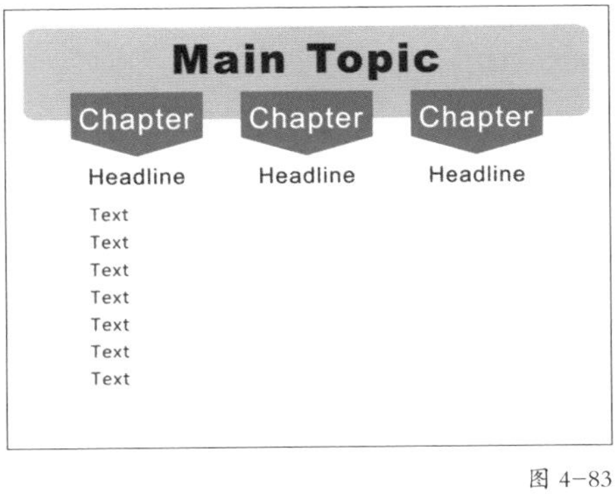

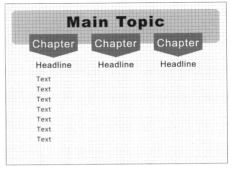

图 4-83

图 4-84

图 4-83、图 4-84 采用网格编排屏幕标题导航版式。

屏幕汇报的导航版式同样可以运用在 A4 打印文档中，从而使文档形成序列感。

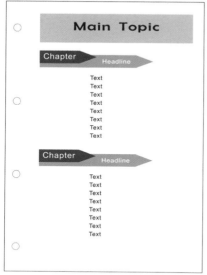

图 4-85

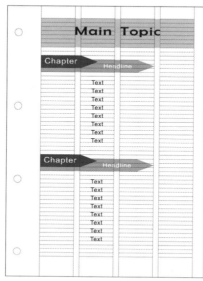

图 4-86

图 4-85、图 4-86 把导航版式运用在网格编排的 A4 打印文档中。

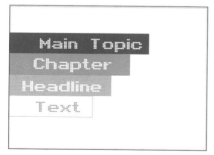

图 4-87

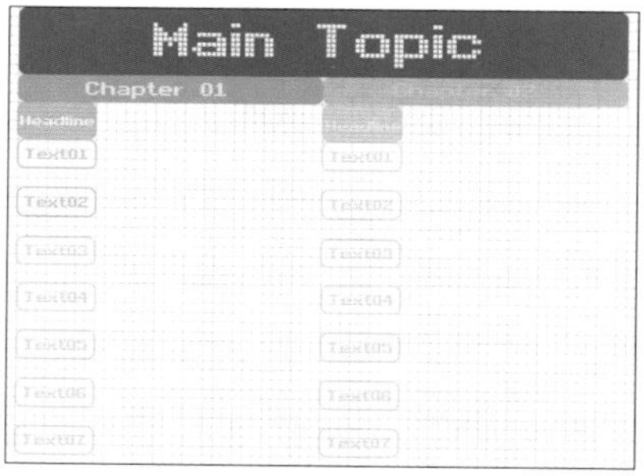

图 4-88

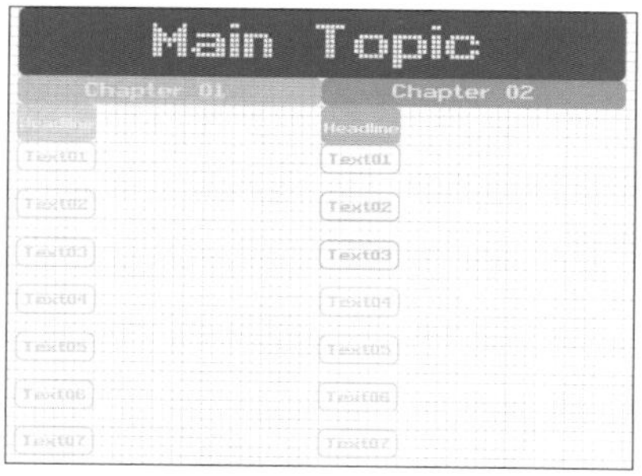

图 4-89

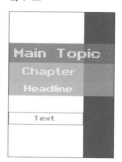

图 4-90

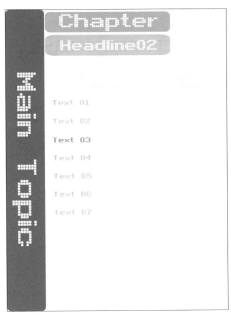

图 4-91　　　　　　　　　　　　　　　　　　　　　　　　　图 4-92

图 4-87—图 4-92 为屏幕与打印文档的导航标题设计举例。

第四节　课堂练习与作业案例点评

一、课堂练习：排版

为了做出一个好的排版设计，可在纸上多进行排版练习，锻炼我们排版的感觉。这里让学生进行的排版练习，正是采用前述的 A4 文档网格版式进行编排，在给定网格的空白纸上，进行编排练习：

（1）用黑色填补矩形，每次排版最少可用 15 个矩形，最多 30 个矩形，如图 4-93。

（2）只能使用图片，变换图片的大小、数量和长宽比例，如图 4-94。

（3）只能使用文字，变换文字的数量和行 / 列的长度，如图 4-95。

（4）结合文字和图片，使用各种图文格式来利用空间，如图 4-96。

这个编排练习中以带"×"号的方框表示图片，横线表示文字段落。

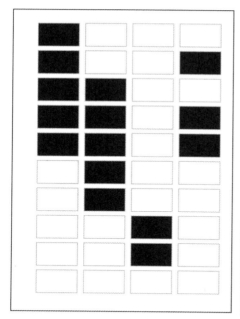

图 4-93

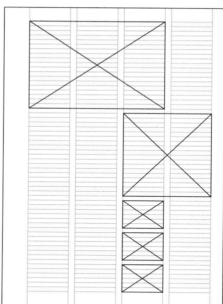

图 4-94

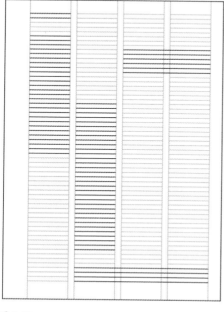

图 4-95

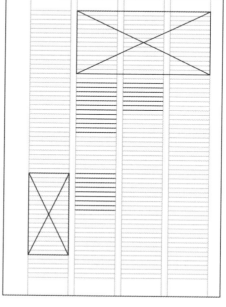

图 4-96

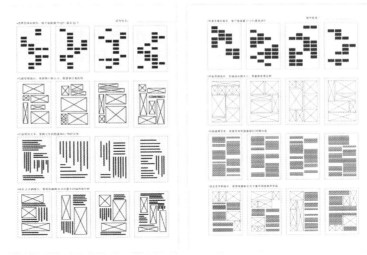

图 4-97　　　　　　　　　　　　　　　　　　图 4-98

图 4-97、图 4-98 中的第一项为填补黑色矩形练习，将矩形数量限定在 15—30 个，目的是控制元素所占据的版面率，避免过于空白或拥挤，使之疏密有致。后三项练习应联系第一项练习，可适当控制图版与文字的配合节奏，达到版面形式美观、疏密有致的编排目的。

　　如何才能在练习中锻炼出好的排版的感觉呢？有几点要注意：

　　（1）对元素的布置过于对称和规整，容易使版面显得呆板。同时要避免编排过于拥挤，适当的留白会使版面更有秩序和节奏感。

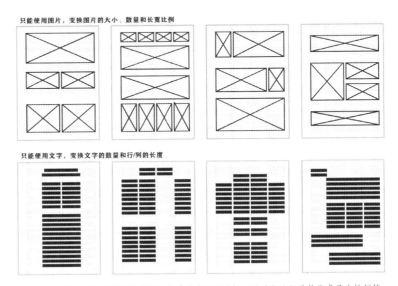

图 4-99 元素对称布置，容易造成版面呆板，同时也让版面整体感觉比较拥挤。

（2）避免各种元素过于琐碎，无论是图片还是文字都要整体来处理。同一页面中不同尺寸的图片，以及不同比例的文字段落过多，容易给人造成琐碎的印象。

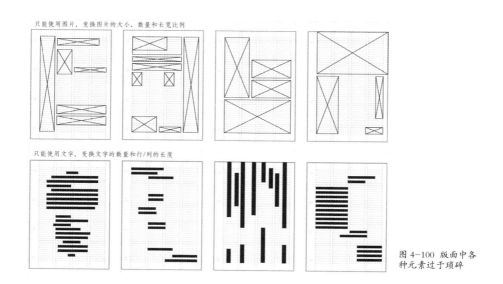

图 4-100 版面中各种元素过于琐碎

（3）避免编排方式过于单一，要尽量尝试不同的排版方式和风格，可以通过改变元素的比例搭配、变化疏密等方式来增加韵律感，以拉开视觉层次。

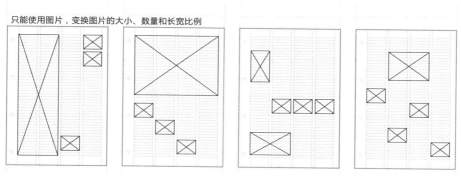

图 4-101

只能使用文字，变换文字的数量和行/列的长度

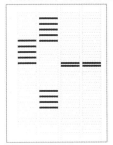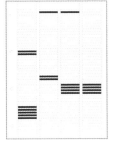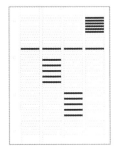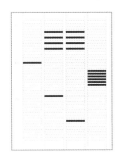

图 4-102

结合文字和图片，使用有趣的方式利用空间

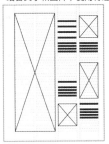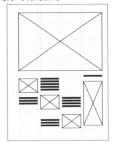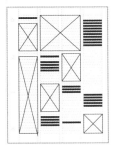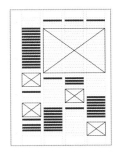

图 4-103

图 4-101、图 4-102 排版过于单一，版面缺乏趣味。图 4-103 综合图文多种混排法，版面多变而生动。

二、课后作业与点评

1.海报网格版式应用

在大部分情况下，学生每次的课题作业除了需要进行作品展示和做一次完整的屏幕汇报之外，往往还要制作一张海报来介绍自己的作品。海报除了作为课程成果的总结，也会在举办课程汇报展览的时候派上用场。即便是在课程的演示汇报过程中，实物海报展示也能辅助演讲的进行。在没有机会进行现场演说的情况之下，清晰明了的海报编排显得更为重要。

在这个作业中，学生需要将同期或前期课程的作品，按照前述的图片处理和编排原则进行综合排版设计，制作成一张展示用的海报。本作业采用 A3 版

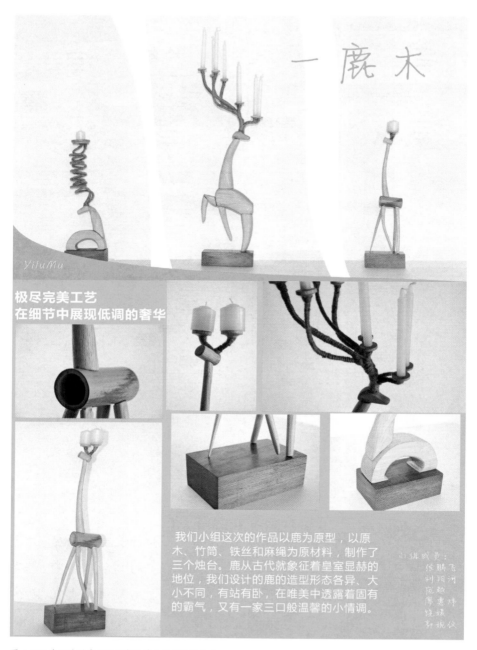

图4-104 产品造型基础课程中的学生海报编排作业

式，网格可以根据实际需要自行设置。

　　例如图 4–104 是早期产品造型基础课程中的小组作业。首先，海报中图片的编排没有遵循一般的对齐分布原则，图片边线和间距参差不齐；其次，图片大小和位置摆放也相当随意，没有归类，亦没有主次；再次，文字与背景颜色对比度不足，从而影响观众阅读。

　　在这个作业中，可将前述 A4 文档的网格稍作修改，重新设置边距，并采用 4 分栏，得到如图 4–105 的网格版式。接着可以将图片和文字说明等素材，按照前述网格编排练习的方式放置在版面上（图 4–106），再根据导则进行海报的编排。

　　重新编排时需要考虑主图片与细节图片的大小比例关系，同一款产品应归类放在一组，并按照实际的产品部件高低位置来考虑各图片在版面中的具体位置，使观看者更容易找到对应产品之间的联系。再配以加深的底色，以加强对

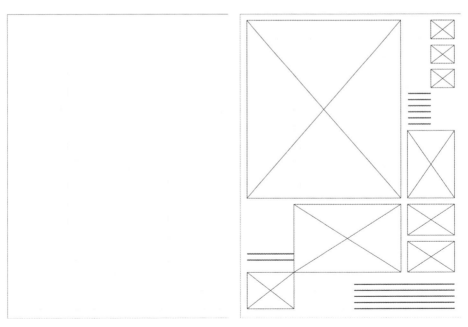

图 4–105　　　　　　　　　　　　　　　　　　图 4–106

比度，衬托文字，还可分割版
面区域，以加强各组元素内部
之间的联系。

图 4-107

图 4-108

图 4-107、4-108 为修改后的海报。

其他学生作业案例参见图 4-109—图 4-113。

图 4-109

图 4-110

图 4-109—图 4-111 为广州美术学院 2011 级工业 2 班
王军超的作业。

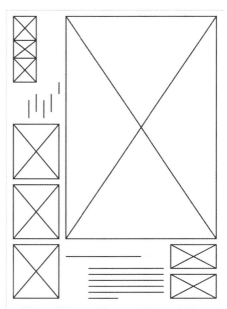

图 4-111

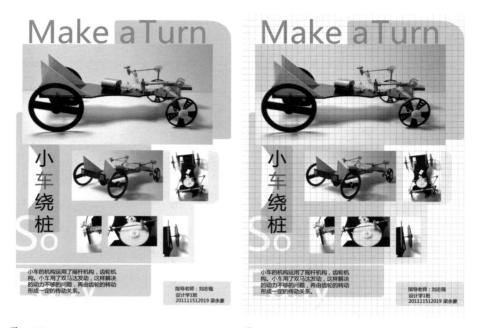

图 4-112   图 4-113

图 4-112、图 4-113 为广州美术学院 2011 级设计学 1 班梁永豪的作业。

2. 标题导航版式设计

为屏幕演示文档设计统一的标题导航版式，颜色不超过 5 种。对于封面、目录、正文等内容，用网格编排其中的 5—10 页，以下内容 2 选 1：

（1）将产品拍摄作业过程用各种手段记录下来，编排屏幕汇报。内容可包括概念来源、构思过程、准备工作、困难解决、拍摄花絮，等等。

（2）精选同期或之前课程的某一报告，按标题导航网格编排的要求修改。作业格式为 pdf，et 矢量软件排版（字体转曲线），一份文档最后显示网格编排的效果。

部分作业与点评：

第一份作业是产品图片的拍摄过程，由于环境布置得宜，产品照片效果很好。左右图的对比也展示了初步拍摄的照片与经过后期处理的照片之间的差别。汇报所采用的排版风格和色调与产品照片十分协调，导航标题采用了半透明背

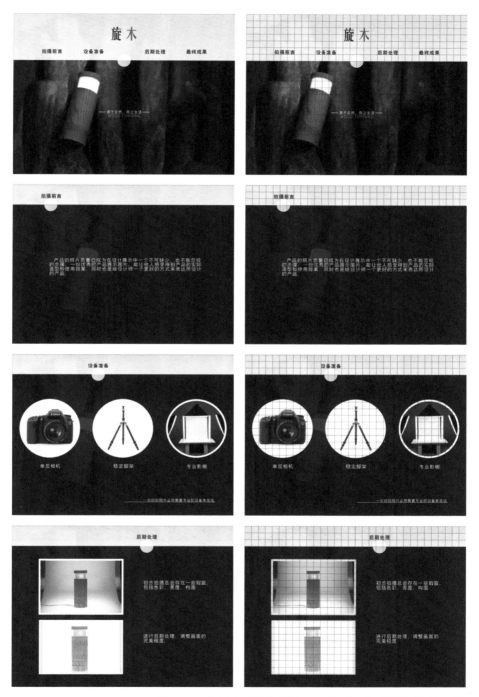

图 4-114-1《旋木》，广州美术学院 2011 级工业 2 班，阮展豪（组图 14 张）

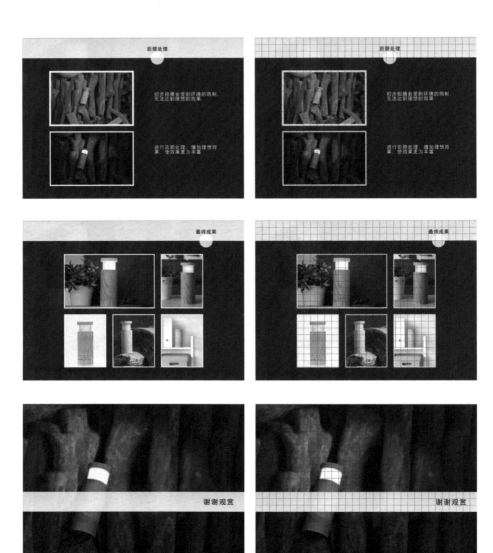

图 4-114-2《旋木》，广州美术学院 2011 级工业 2 班，阮展豪（组图 14 张）

景处理。美中不足的是文字段落的编排没有处理好字距与行距，行距过于紧密，影响阅读，且文字换行没有压在网格线上。

2010 级同学的作业《Sweet》是拍摄产品和模特的合照，作者比较详细地记录了拍摄过程。由于拍摄主题是棒棒糖，甜美的风格被运用在简报的标题导航设计上，标题设计的造型元素也与棒棒糖的色彩纹理相得益彰。页面中不同的章节采用了不同的配色，但由于编排的内容较多，页面稍显琐碎。同时图片编排没有区分好主次，难以引导观众的视觉观看顺序。又如，"准备"阶段的照片本身构图比较凌乱，为配合版面多彩的配色，对图片应进行构图大小、统一色彩、统一图片背景等后期调整。

图 4-115-1《Sweet》，广州美术学院 2010 级工业 1 班，李穗南（组图 12 张）

图 4-115-2《Sweet》，广州美术学院 2010 级工业 1 班，李穗南（组图 12 张）

《Pink Car》源自前期产品结构原理课程的报告，精选部分内容按本课程要求进行了重新编排修改，在标题导航与网格版式的帮助下，作者比较灵活地处理了文字、图形等元素的编排，版面层次清晰，具节奏韵律感。

图 4-116-1《Pink Car》，广州美术学院 2011 级设计学 1 班，黄莹君（组图 14 张）

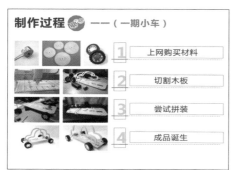
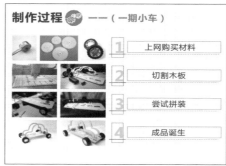

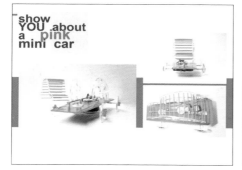
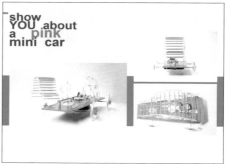

图 4-116-2《Pink Car》，广州美术学院 2011 级设计学 1 班，黄莹君（组图 14 张）

本章小结

版式编排设计的基本原理是对齐，区分次序，并采用统一的排版规则。使用网格版式能高效地编排出整齐统一的页面，包括屏幕简报、海报、打印文档等，都应始终贯彻基本排版原则。值得注意的是，利用标题导航可有效地提升设计感与专业感，引导提示汇报的结构与流程。

关键词

版式，编排，网格，标题导航

思考题

1. 参照第二节的课堂 A4 纸网格版式练习，分别以文字、图片和图文结合的形式，在横构图的屏幕网格版式中进行编排练习。

2. 将某个有标题导航的屏幕版式的汇报作业修改成统一风格的 A4 纸版式。

推荐阅读

〔日〕佐佐木刚士：《版式设计原理》，武湛译，中国青年出版社，2007 年。

〔日〕内田广由纪编著：《配色基础原理》，刘向一、裘季燕译，中国青年出版社，2007 年。

第五章

视觉化传达与多途径综合表达

　　内容摘要：本章通过实际案例，分析为何及如何将版面进行视觉化呈现。同时，通过对汇报时讲演人的表情、神态、姿势动作等身体语言的指导，并结合服饰道具、现场演示、故事表演等多种途径的综合表达手法，使视觉表现形式更有效和多元化。

第一节 视觉化的重要性和常见问题

　　要使你的设计汇报更有冲击力，最好的办法就是改进视觉的交流方式，包括使用更直观的图片、图表、图标等基本视觉元素。相关的调研显示，使用合适的视觉表达方式，能够得到普通表达方式的 2 倍以上的效果。

一、设计汇报视觉化的重要性

　　为什么视觉化表达方式如此重要？首先让我们了解一下人类的大脑是如何接受外来信息的。

　　英国梅拉宾（Albert Mehrabian）教授曾做了大量关于在演讲中人们是如何接受信息的调研。实验表明，被测试人对演说汇报中的文字只记得 7%，而视觉化的信息则能被详细回顾，甚至达到 55% 的记忆率，对演讲者所说的话

Text 7%　Visual 55%　Vocal 38%

图 5-1

也能有 38% 的记忆率。因此，我们曾要求同学们在汇报时不使用大段的文字，可使用"项目符号"对文字内容进行概括。然而，一个接一个的项目符号也会让听众感到无聊和疲惫。

沃顿（Wharton）研究中心的一项研究更加富有说服力。受测试人在观众汇报演说 3 天后再接受采访时，其中视觉化信息仍有 50% 的记忆率，而使用项目符号的内容，记忆率只剩下 10%。俗语"一张好的图片胜过千言万语"，在这项研究中再一次被证明了。

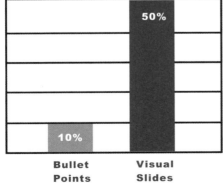

Message retention after 3 days

Bullet Points 10%　Visual Slides 50%

图 5-2

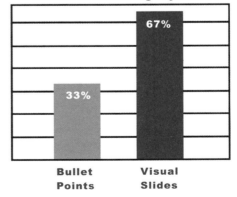

% chance of achieving objectives

Bullet Points 33%　Visual Slides 67%

图 5-3

在第一章中我们反复强调，演讲人必须明确个人的汇报目标，并通过各种手段和方法去达到这个目标。一项调研显示，通过使用视觉化的表达方式，演说人有 67% 的几率获得预期效果，是仅仅使用项目符号的两倍。如果你的汇报目标是推销一项服务或产品，获得一份工作，或是在你的课程汇报中获得更好的分数，那么视觉化的表达方式将会使你更容易获得成功。

二、初学者的常见问题

接下来，让我们一起来回顾在同学们之前的设计汇报中，经常出现的一些问题和应该注意的事项。

1. 文字密布

页面中文字密布，制作者把搜集的文档资料直接复制到 PPT 页面上，满页枯燥的文字会给台下观众带来极大的压力。大部分观众根本没有耐心去阅读

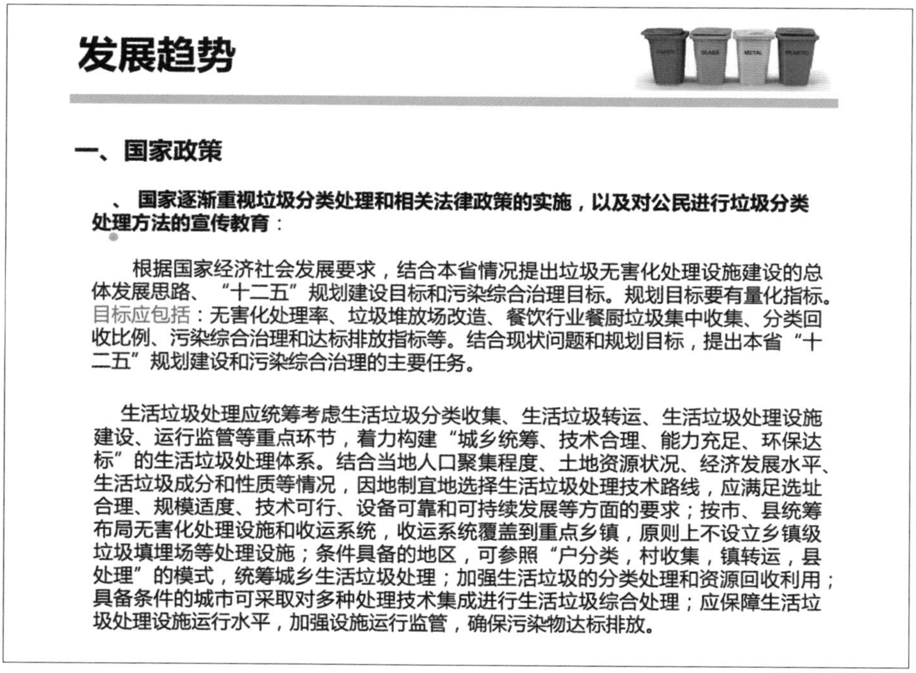

图 5-4 文字密布型页面

长段文字，实际上，在演讲中观众也没有足够的时间来读完它们。而且如果去细读这些文字内容，便必然没有心思再同时聆听演讲者的汇报。页面中的大量文字实际上只能作为演讲的参考资料或演讲者的提示文稿，应将其放在 PPT 文档的备注栏，只供演讲者可见。当 PPT 作为文档留存分享时，任何查看者都可以看到备注的具体内容。

2. 眼花缭乱

只有在大量练习版面编排后，我们才能逐步掌握其美感规律。当各种元素混合在一个页面中时，容易出现编排混乱、色彩搭配不协调等问题。这时，我们应尽量做到视觉化原则中的"于丰富多变中见统一"，相关具体知识和训练请参见本书第四章。

在图 5–5 的页面中，作者想要展示租借公共自行车的过程，但由于图片和文字元素的编排和色彩搭配不当，整个页面显得混乱而毫无重点。我们可以将

图 5–5 图片与文字编排搭配不当，页面让人眼花缭乱。

图片剪裁加工，把租借自行车的整个流程拆分为数个环节，每个环节只用一张最合适的图片来说明，从而使图示传达的信息更加清晰。

3. 考验视力

汇报页面的演示必须容易识别，不能去考验观众的视力。文字过小，像图 5-6 中的大段文字即使连前排观众也难以看清。一般来说，用于演示的屏幕最小字体不要小于 16 号，用于通过显示器阅读的简报最小字体不小于 12 号。

另一种考验视力的简报是前景与背景颜色相似。其一是由于背景颜色和文字色彩对比度不足。在对于不同色彩之间的对比度无法把握时，可将其转为灰度图，便能较轻易地判断对比度是否足够看清；其二是背景图案或图片颜色过于花乱，文字直接浮于上方，导致观众眼花缭乱、难以阅读。这时可

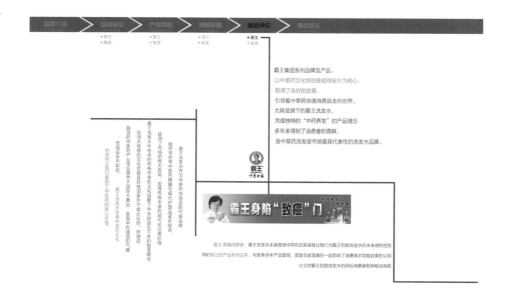

图 5-6 页面中文字过小，考验观众视力。

图 5-7 原图标题效果太弱，背景花乱，使得文字看不清楚，同时文字行距太密，也影响了阅读。

图 5-8 修正方法 1：加粗标题，增大行距，减弱背景对比度，使文字更清晰。

图 5-9 修正方法 2：加粗标题，减少文字量，增大行距，文字段落放置在右面背景单纯的位置。

图 5-10 修正方法 3：加粗标题，减少文字量，增大行距，添加半透明色块的文字衬底，以减弱背景。

以采取减弱背景对比度，或用半透明色块衬托文字等方法，使文字能更清晰地显示出来。

4. 堆砌图表

　　页面上不宜堆砌太多的图表，并不是图表越多，内容就会越清晰。例如图 5-11 中既有各种标题、图标和图片，又安排有表格内嵌的柱状图，下面还有饼状图表，最后还有一大段总结说明文字。过多的信息内容让页面拥挤不堪，同时文字太小，影响阅读。除此之外，这些图表没有根据汇报需要而精心设计制作，造成页面混乱、重点不突出。

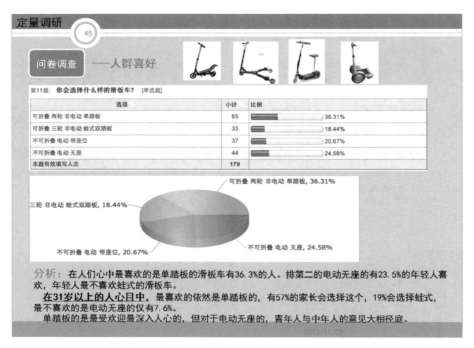

图 5-11 页面中堆砌图表，元素太多，页面拥挤。

5. 滥用图标

视觉化并不是随意地添加图标，图标并非用得越多越好。一些初学者使用的图标往往和页面主题内容没有联系，有些甚至没有任何意义。有些图标又过分抢眼，在整个版面中显得非常生硬和怪异。滥用图标会带来负面效果，应重视这一问题。

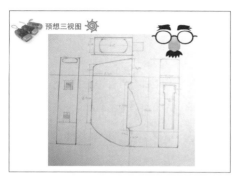

图 5-12 滥用和页面无关的图标

图 5-13 图标过分抢眼

6.乱套模版

初学者制作幻灯片时，一个常犯的错误是胡乱套用现成的 PPT 模版。也许模版本身很漂亮，但是他们借用时没有考虑其是否和自己的设计汇报主题相契合，风格是否统一。

很多现成的商业 PPT 模版尽管设计优美，但是模版上的很多固定图片或图标占据了不少版面空间。如果采用模版时忽略了模版本身的设计要素，只盲目往上面堆放大量的图片和文字段落，反而会适得其反，图片、文字、模版三者相互影响，产生负面效果。这样，即使原主题模版设计得再漂亮，在不恰当的图文编排之后只会显得生硬和不协调。

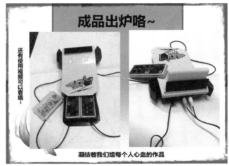

图 5-14 错用模版，制作主题与模版的水墨风格不协调。　图 5-15 错用模版后，编排图文常常会生硬地露出一些不规则的模版元素。

7.错用转场和动画

PPT 里有很多现成的页面切换动画效果，但通常在设计汇报中只适合使用细微和温和型的动画效果，例如渐变和渐入的淡入、淡出效果，而且动画的速度控制要适宜，太快会让人感觉突兀，太慢又让人觉得浪费时间。很多华丽的弹跳、旋转、飞入式动画效果与设计汇报风格十分不符，应慎用。不要以为每个页面的切换都使用不同的转场动画会很酷，其实动画种类太多、时间太长，风格过于琐碎，只会让观众心生厌烦。

另一种是图片或图标的 gif 动画，在非必要时也应少用或不用，因为页面上如果有图片一直在动，会使人眼花缭乱，分散注意力。假如有必要使用动画效果说明问题，必须设置好单击特定位置后才开始和结束动画，把控制动画播放的主动权时刻掌握在演讲者手上。

观众的记忆力是有限的，不是放的信息越多，观众就越容易记住。必须尽量让你的 PPT 看起来简洁明了，使其具有冲击力。

三、案例分析：如何进行视觉化

以下这个案例，来自笔者几年前所教的一个学生的调研汇报。其修改前后的区别让我们更坚定地相信，有时只要重视几个简单的注意事项就能让同学们在短时间内修改、打造出一个成功的 PPT。

这是一个由英国大使馆文化教育处所组织的关于低碳环保的工作坊项目，有来自英国的专业人员一起参与。项目分成多个方向，我们的调研主题是电子废弃物的污染问题。同学们的调研花了很多工夫，首先是大量的二手资料收集，以及到电子垃圾村进行实地考察。然而首次提交的设计汇报在表达效果上并不理想，详见图 5–16。

其实单从内容来看，这是一个逻辑清晰、内容丰富的设计汇报（这里我们只展示了从封面、目录到第一章节的调研部分）。同学们做了很多分析，页面里有不少图片，整个版面排版也井井有条，但却让人感觉其页面整体效果缺乏视觉冲击力。问题可能是文字太多了，字体太小了，背景的绿色太刺眼了，等等。但这些都只是次要的，其主要问题还是设计师对该设计汇报的目标不够清晰，也就缺乏引导听众进入其目标导向的方法。笔者给出的建议是多考虑一下听众关心的问题。除了中国的同学和老师们，此次汇报还有一些外国专家，他们不懂中文，而演讲人的英语也不好，如何通过改变设计汇报的表达形式来打破这种由于语言问题造成的沟通障碍呢？一段时间后，笔者收到了另一份设计汇报，令人喜出望外，见图 5–17。

1. 改变色彩

原来的设计汇报使用的主色调是绿色，主要考虑到低碳环保，现在则更多

图 5-16 修改前的调研报告（组图 11 张）

地从观众的角度去考虑色彩的选择。演讲者把目录的三个部分分别用黑色、灰色、绿色来表示。第一部分讨论污染问题，为了突出问题的严肃性，演讲者大胆使用了黑色，起到了警示作用。最后一部分在提出解决办法时使用绿色作为背景色，让观众有一种骤然开朗、终于看到希望的感觉。

2. 修改图片

　　一张好的图片胜过千言万语，如果已经有了一张好的图片，为什么还要把它放在一个不起眼的角落呢？将其大大方方地撑满整个页面，重要的文字、标

图 5-17 修改后的调研报告（组图 15 张）

图 5-18、图 5-19 为修改前后的对比效果，修改后的页面加强了对图表与数据的运用。

语直接压在图片的一角，俨然如一张海报，大气而有冲击力。特别是小孩子坐在电子垃圾中的那张图片，让人印象十分深刻。

3. 运用图表与数据

对比图 5-18 与图 5-19，虽然都是对电子废弃物逐年攀升的发展趋势的呈现，第一个页面只是在述说一个事实，第二个页面则同时表达了一种立场和态度。大大的上升箭头，加上"Up10%"的文字，观众能瞬间领会到问题的严重性和解决这个问题的迫切性，从而突显了此次汇报的重要意义，为后面提出解决办法做了非常重要的引导和铺垫。

关于图表与数据的视觉化表达方式，我们会在下一章节为大家作深入讲解。希望这个案例能带给大家启发，领会视觉化的表达方式的影响力。

第二节 调研数据图形化

2009 年 6 月 23 日，《羊城晚报》一篇题为《一道语言应用题，13 万考生吃鸭蛋》的报道引起了大家的广泛关注，参见图 5-20。在当年的高考语文试卷中，有一道题竟然难倒了 13 万考生（约占全部考生的 1/5）。

要闻　要闻部主编/责任编辑 蔡小莲 林丽爱/美术编辑 小湛
E-mail:wbywb@ycwb.com　A3

赢战高考 2009

羊城晚报 2009年6月23日/星期二

一道语言应用题
13万考生吃鸭蛋

专家称广东考生运用语言概括信息的能力太差

中国人寿特约 CHINA LIFE

赢战高考 2009

本报讯 记者夏杨报道：高考各科评卷已经基本完成，记者昨日从华南师范大学高考评卷现场获悉，目前正在进行登分等后续工作。

在高考语文评卷组，有个令人印象最深刻的题目，一道题竟然难倒了13万考生，全部吃了零分，约占全部考生的1/5！这是一道语言应用题，很多考生直接空在那里。

"从这道题目答题情况看，广东考生在语言应用方面的能力太差了！"语文科评卷组组长、华南师范大学文学院院长柯汉琳谈及这道题颇感意外和遗憾。

这是语言应用题的第一个小题，总序号第22题。该题要求考生根据"有关机构对我国不同群体通过电视获取科技信息情况的调查"图表，补充文段中的空缺内容，不能出现数字，使上下文语意连贯（见下面原题）。

"这道题要求考生首先读懂图的含义，然后对得到的信息进行分析，再表达出来，还要注意给出的一段话中上下文之间的逻辑关系，才能填入准确的缺失词组。"柯汉琳说，很多考生不懂得通过数字去归纳，比如说文化程度与电视获取科技信息之间的比例，这是数字能反映出来的，但学生却不懂得转换为"语言"并表达出相互辩证关系。

柯汉琳分析，这说明广东考生在整合信息并运用语言概括信息内容方面的能力还不高，同时把图表含义转换为文字的语言应用能力亟需提高！

图5-20《羊城晚报》关于《一道语言应用题，13万考生吃鸭蛋》的报道

图5-21中的图表一和图表二，是有关机构对我国不同群体通过电视获取科技信息的调查。此道题目考察的是学生们对图表的识读和概括能力，却难倒了众多考生。由此可见，同学们平时在生活中缺乏对基本图表的认识。

22. 下面的图表一和图表二，是有关机构对我国不同群体通过电视获取科技信息情况调查。请根据图表反映的情况，补充下面文段中A、B、C处空缺的内容（不出现数字），使上下文语意连贯。

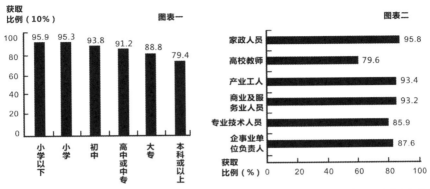

图 5-21 让 13 万考生吃鸭蛋的高考原题

一、几种常用图表

对于以下这些常用图表，相信同学们并不陌生，但是如何选择恰当的图表

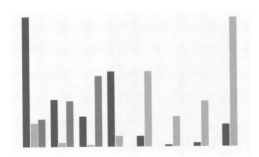

图 5-22 柱状图

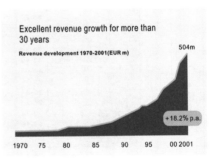

图 5-23 折线图

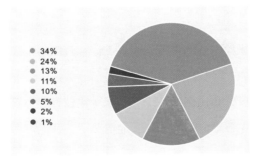

图 5-24 饼状图

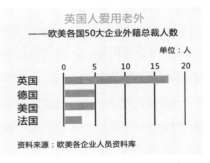

图 5-25 条形图

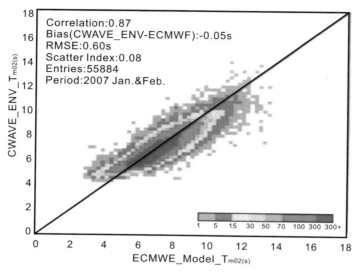

图 5-26 散点图

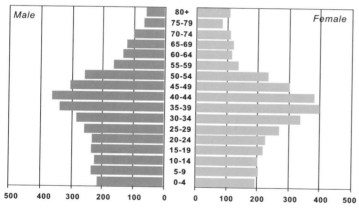

图 5-27 双向条形图

形式，何时使用它们，则是让同学们比较困惑的事情。表 5-1 比较直观地呈现了每种图表的基本特性。

饼状图大部分情况下被用于表达成分和比例，能够帮助观者比较直观地看到不同成分中哪个部分占绝对优势。在各个成分相对平均的情况下，我们不建议使用饼状图。

表 5-1　图表类型比较

比较类型					
图表类型	成分	排序	时间序列	频率分布	关联性
饼状图	〇				
条形图		▤			▤
柱形图			▥	▥	
线形图			∿	∿	
散点图					⁖

条形图多用于表示一种排序关系，主要用于展示数据的分类和高低比较。其中，双向条形图表示关联性。

柱状图和折线图。是展示时间序列和频率分布的惯用图表。比如，在描述一个企业每年的产品销售额时，或者在描述一个人每周对快餐的摄取量时，我们会运用柱状图或折线图。柱状图和折线图可以直观地反映事情的发展趋势和发展规律，其中某些转折点，或者偏离发展趋势的案例常常成为研究员的研究对象。柱状图中的各矩形通常是连续排列，这一点与条形图不同。

散点图是各种图表中相对复杂的一种，通常横坐标和纵坐标是影响数据收集的两个关键因素，如价格与销量、年龄与运动等。每一个数据都是一个小圆点，当这些圆点达到一定数量的时候，就会出现某些区域点比较密集、某些区域点比较稀疏的情况。散点的分步呈现出一定的发展规律，可以反映横坐标和纵坐标这两个因素之间的关系。

二、让图片更有冲击力的三步骤

运用图表可以使你的汇报更加直观、生动，也可以体现你的专业性，但如何使你的图表更有冲击力呢？首先便是千万不能使用 PPT 的默认图表，试试发挥自己作为艺术与设计专业学生的特长吧！

1. 第一步：风格化你的图表

我们可以通过一些简单的设计手法，使页面中的图表别具风格。

（1）注意颜色的运用

图 5-28 中的这本杂志采用了简单的饼状图，但非常注重色彩的搭配。饼状图主要由黄色、蓝色这两个对比色组成。黄色是需要强调的数据成分，非常引人注目。蓝色和灰色以及它们的渐变色，作为不太重要的补充数据并没有过多分散读者的注意力。最赞的还是背景所运用的灰色，使整个页面对比鲜明，非常专业。

（2）使图片立体化

同样是一个简单的饼状图，通过三维立体化效果，再加上不同角度的透视，原来朴素的图表变得更有动感和吸引力，如图 5-29。这类图表需要一些三维软件才可以制作出来，也是艺术与设计类专业学生在做图表时的特殊优势。

图 5-28

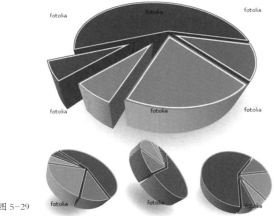

图 5-29

　　图 5-30 是折线图立体化的案例。图表立体化后，有利于研究者从原来的二维对比，增加到三维的对比。通常我们利用二维折线图只能做到横坐标与纵坐标的关联对比，引入立体化效果后，可以对每条折线的峰值也进行对比（白色线条部分）。除了美观以外，三维图从功能上实现了功能的多重融合，简化了设计汇报的页面，丰富了研究内容。

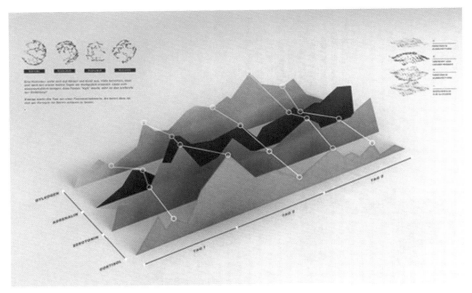

图 5-30

（3）转换基础图表

一般的柱状图少不了横坐标与纵坐标，还有很多数据统计。图 5–31 是一张经过视觉转换的柱状图。图表的上半部分只是出于纯形式的视觉考虑，真正的数据在下半部分得以显示。其中，红色部分最长，蓝色部分较短。此图表让人联想起跑道或者地毯，十分有趣。

另一个案例中的柱状图则转换成为建筑的形象，如图 5–32。

图 5–33 中的图表的变化让人更加意想不到。不要被它的圆形所欺骗，这并不是一个饼状图，而是一个呈发散方式排列的柱状图，形成了很有韵律感的鹦鹉螺形态。

转换图表的视觉呈现方式，目的并不仅仅在于提高专业性，更多地是为了使信息在直观呈现中富含趣味。这种类型的图表被大量运用在杂志和海报上，面向更广的受众。图表转换使图表更有亲和力，不再以学者或商业巨人的姿态出现，这也是目前数据信息视觉化研究的重要课题。

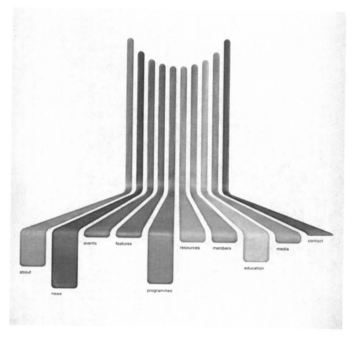

图 5–31

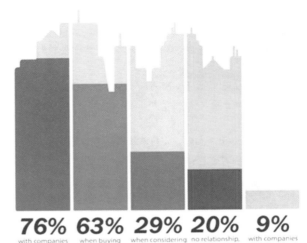

图 5-32

图 5-33

（4）将某些信息图标化处理

在使用问卷调研的汇报中，我们常会看到一张张沉闷的调研问卷，有着反反复复的各种问题，以及密密麻麻的 ABCD 选项。

一份文本的调研问卷

问卷背景：这份问卷主要调研消费者在什么情况下更愿意透露个人信息。

1. 在网上购物时，你愿意填写以下哪些个人信息？
   A. 姓名　B. 地址　C. 电子邮箱

2. 在作为课程推荐人时，你愿意填写以下哪些个人信息？
   A. 姓名　B. 地址　C. 电子邮箱

3. 在索取免费样品、兑奖券或打折卡时，你愿意填写以下哪些个人信息？
   A. 姓名　B. 地址　C. 电子邮箱

4. 在索取一个报价（如房租费、打样费）时，你愿意填写以下哪些个人信息？
   A. 姓名　B. 地址　C. 电子邮箱

5. 在索取更多信息或资料小册子时，你愿意填写以下哪些个人信息？
   A. 姓名　B. 地址　C. 电子邮箱

　　如何使上面这样一份调研报告更清晰，更直观，也更有趣呢？不妨尝试提取问题中的关键词，并把它转化成活泼的图标（图5-34）。最后的问卷调研结果可以用不同大小的圆形来表示。大的圆形代表占比较多，小的圆形代表占比较少。同时，还可以用文字的方式来补充一些信息，如平均值等。将问卷调研结果视觉化处理后的图表更能突出重点，也更吸引观众。

网上购物

课程推荐人

索取免费样品、
兑奖券或打折卡

索取报价

索取更多信息
或小册子

图 5-34

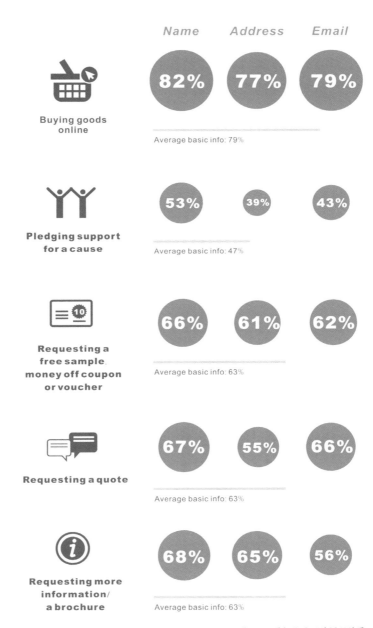

图 5-35 图标化处理的调研结果

2. 第二步：图形化你的图表

相信经过第一步后，同学们只要多花一点时间，便能把图表做得更生动、更漂亮。那么，如何进一步把我们的图表做得更直观，把信息传递得更清楚呢？

图 5-36 是一张比较奥巴马和布什就任期间美国失业率的柱状图。由于制作者制作时使用的是低版本 PPT 的默认图表，效果非常粗糙。对于习惯商业图表的商学院同学来说，要读懂它只是小菜一碟，但是对于设计与艺术专业的同学，或者普通民众来说，则比较复杂。这是一张形式非常传统的图表，纵坐标是美国失业率从 0 到 12% 的分布，横坐标是 2001 年至 2011 年的时间分布（之前曾讲过，柱状图习惯用于呈现时间顺序），红色条柱代表布什，蓝色条柱代表奥巴马。

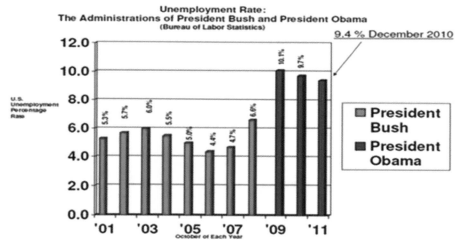

图 5-36 修改前的图表

修改后的柱状图如图 5-37 所示，分别用布什和奥巴马两位总统的头像来指明红蓝条柱的指代情况。改进的图片省去了很多不必要的细节，加入了研究员的计算和主观判断，如布什任期的 8 年间（2001—2008），平均失业率仅是 5.4%，而奥巴马就任的前三年（2009—2011），平均失业率达到 9.7%。同时图

表的大标题从原来的描
述性文字"奥巴马和布
什就任期间美国失业率
情况"改为结论性文字
"奥巴马就任期间失业率
更高"。由此可见，以非
常具有目标性的方式来
设计图表，可以更好地
引导读者的判断。

（1）将图表进行图
形转换，覆盖在有联想
意义的图形上。

请看图 5-38。2009
年第二季度，受经济危
机的影响，美国的商业
销售额继续下滑，但餐
饮业的业绩却不跌反涨，
尤其是快餐业有较大的
增长。我们认为，人们
可能为了节省，减少了
其他娱乐消遣方式，但
一定的社交和饮食是不
可缺少的，于是转而选
择了更经济实惠的快餐。
此图表用快餐餐具作为
转换图形，以表达红火
的快餐业，非常贴切。

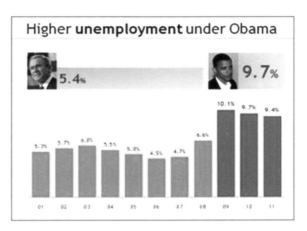

图 5-37 修改后的图表

图 5-38

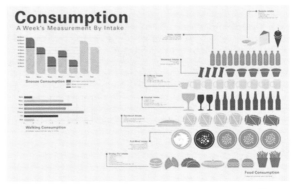

图 5-39

图 5-39 是某消费者一周的食物摄入总量。从图表中我们可以直观地观察该消费者的饮食习惯：在快餐方面，此人吃了薯条、汉堡、甜甜圈等；主食方面，吃了比较多的米饭；饮品中，喝了很多的瓶装啤酒和一些红酒，喝的非酒精饮料中大部分是咖啡，还有一些甜品和瓶装水等。与一般的线性图不同，通过将食物分组罗列与堆积，一张原本较严肃的调研图表变得幽默起来。

（2）使用有比喻意义的图片来反映内容概要。

图 5-40 描述的是历史上前 20 大破产公司，用不同类型和大小的船来代表公司的规模，用不同的颜色来表示其所属的行业。这个图表让我们马上联想到泰坦尼克号沉船的故事，一个非常经典而生动的比喻，令人印象深刻。这种类型的图表的使用意义并不局限于数据本身，而是通过描述一些事实来引发人们的思考。

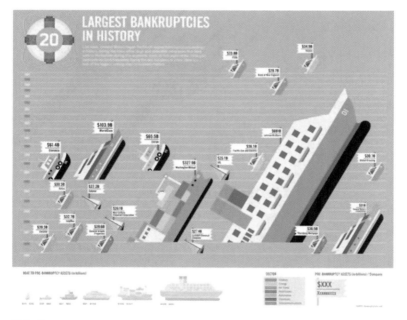

图 5-40

3. 第三步：运用图表讲故事

叙事性图表：

图 5-41 描述了一位中国白领的一天。图表的纵坐标是时间，从 7 点到 23 点。此图表没有任何文字说明，只是通过罗列一些品牌的 logo，再加上人们的生活常识和想象力，便悄无声息地讲述了一个生动的故事。

早晨 7 点，手机闹铃（摩托罗拉，Motorola）响了，起床时间到。

7 点到 7 点 20 之间，主人公开始个人清洁和梳洗。刷牙（高露洁，Colgate）、洗脸（可伶可俐，Clean Clear）和剃胡须（飞利浦，Philips）。我们猜测这名白领可能是男性。

7 点 20 到 7 点 50 之间，他喝了咖啡（雀巢，Nescafe），换了衣服（华伦天奴，Valentino），进一步可以确定此人为男性。

7 点 50 到 8 点 20 在上班的地铁上。

8 点 30 到 17 点之间，他在工作中用电脑（IBM）修改了一些文件（微软，Microsoft），上网查找了一些资料（中国网通，CNC 和谷歌，Google），发了邮件，用打印机打印了文件（爱普生，Epson），并签署了一些文件（派克，Parker），又打了很多的电话来协调工作（中国移动，China Mobile）。中午吃了份快餐（肯德基，KFC），喝了杯可乐（可口可乐，Coca Cola），又抽空去银行办了一些事情。

17 点到 18 点之间，他下班后又乘坐地铁回家，途经超市买了些东西。

18 点到 19 点之间，他回到家，换了一身休闲装（锐步，Reebok）。从冰箱（海尔，Haier）里拿出了食物放在微波炉中加热。

19 点到 22 点之间，他在家里的电视机上（长虹）看了一会新闻（CCTV），然后用 DVD 机（东芝，Toshiba）播放了一部电影。中途还打了个电话。

22 点 10 分到 22 点 30 分，他开始进行梳洗，洗澡（力士，LUX）、洗头（沙宣，VS）和刷牙（高露洁，Cologate）

22:30 到 23 点之间，睡觉前与伴侣使用了杜蕾斯（Durex）。

这就是叙事图表的魅力，能够把前文啰啰唆唆的 500 字，简化成一张清晰

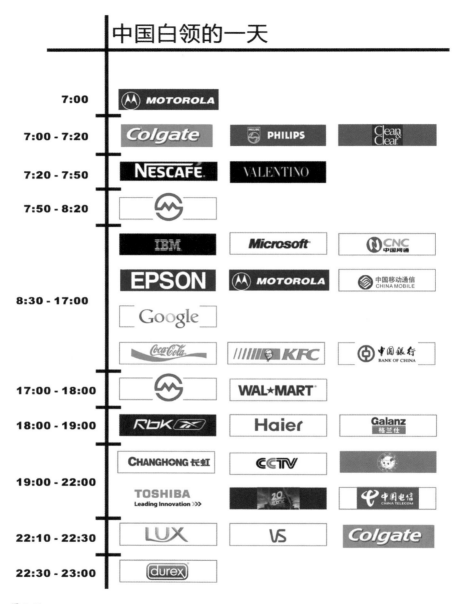

图 5-41

且更直观的图片。

　　再来看看另一个案例，是关于沃尔沃（VOLVO）在过去的 10—20 年期间在企业社会责任、环境保护和可持续发展中所做的努力，如图 5-42。一般来

说，关于时间顺序的数据我们通常会
采用柱状图或折线图。因此，此图表
极有可能会被设计成用柱状图或折线
图表示在某年某月 VOLVO 公司做了
什么事情，有什么里程碑，获得什么
奖项等。这是一个以历史的方式来描
述的图表，可想而知，此图表会非常
无趣，只有公司领导会看一下。然而，
为了加强与公众的交流，树立企业的
良好形象，VOLVO 公司设计了一张别
致的叙事图表。整个图表像一张海报，
并有一个醒目的大标题——"重塑我
们公共交通的未来"。此图表并不是传
统意义上的线性图表，而是由许多桥
梁、公路、隧道、城市景观等形象贯
穿在一起，是一张"能讲故事"的叙
事图表。但凡重要的数据，设计师会
从观众的角度提出疑问："你知道吗？"
这个案例再次表明，图表设计并不是
仅仅要考虑准确反映数据那么简单，
而应更多地考虑如何让观众更快地明
白，并产生情感共鸣。

对比图表：

　　对比图表应用非常广泛，形式上
也丰富多样。有的同学可能认为，对
比图表很难把大量的信息进行简化，
并编排在一个页面上。然而，笔者认

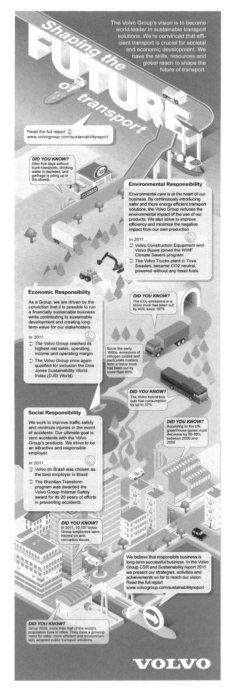

图 5-42

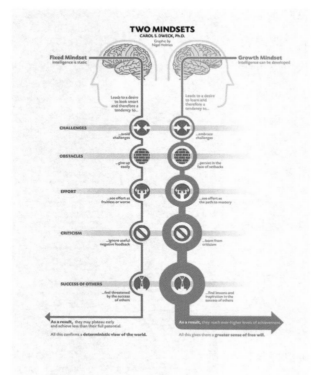

图 5-43

为对比图表的难点不在于图表本身，而在于如何、从哪方面进行对比，拿什么进行对比，对比的标准是什么。这里更多地涉及第二章里所说的逻辑问题。

图 5-43 是关于两种思维模式的对比。蓝色的是固化的思维模式；绿色的是成长型思维模式，是发展的、流动的。这两种思维模式究竟有何不同？研究员从 5 个方面进行对比：

（1）面对挑战时，固化思维者会采取逃避的态度，而成长型思维者更愿意拥抱挑战；

（2）面对困难时，前者容易放弃，而后者则更能坚持到底；

（3）对于努力的看法，前者认为是浪费时间，而后者则认为努力是通向成功的必由之路；

（4）面对批评或建议时，前者常常无视，后者则从批评中学习、成长；

（5）面对他人成功时，前者感觉受到威胁，后者从中受到启发。

从图表得出结论：固化思维者容易在早期就停滞不前，难以发挥他们的全部潜力，成长型思维者则能获得更高的成就，而这也印证了价值观影响世界观。

另一个对比图表的案例是关于社交媒体与传统媒体的比较，如图5-44。该图表从7个方面对两者进行对比：

（1）从定义上来看：社交媒体包括以facebook、twinter、linkedin为代表的网络媒体，传统媒体包括以电视、新闻报纸和广播为代表的媒体渠道。

（2）传播方式不同：社交媒体中用户通过网络、搜索引擎和博客主动发布和制造内容，信息呈向心的方式在网络平台中聚集；传统媒体则由媒体中心制作信息，通过电视、报纸、邮件、电视和电话等方式向外发送。

（3）两者的优势与劣势：社交媒体传播成本低、互动性强、易于数据化，但见效慢或传播速度太快，以至于信息很快过时；传统媒体则成本高、单向传播而缺乏互动、很难量化，但也有一定的优势，如短期见效快、产生的信息是实体的、可信度高。

（4）从发展趋势来看：社交媒体用户未来的增长会达到65%，而传统媒体用户增长仅11%。

（5）从成本对比来看：按照邮件、报纸、电视广告、电台、网络广告和社交媒体的排列顺序，信息每传播1000人所需要的成本呈递减状。其中，邮寄方式成本最高，社交媒体成本最低。

（6）从人群辐射范围来看：传统媒体中的邮寄、电视、电台、新闻报纸在人群中影响半径较小，社交媒体的影响力可以达到树状图的边缘部分，辐射范围较广。

（7）关于社会影响力：从消费者对不同渠道广告的信任度来看，92%的消费者更相信来源于朋友的推荐，70%的人相信用户的评价，58%的人相信网页内容，47%的人相信广告或者电视，42%的人相信电台。

由此，我们可以根据图表得出结论：传统媒体曾被证明是十分有用的工具，但消费者正在寻找更有效的方式去获得他们感兴趣的产品信息，也因此，商业品牌需要更多数据化的信息来制定他们的市场媒体投放策略。社交媒体恰恰为其提供了参考机会，包括提供快速的、交互的信息，以及消费者的偏好和习惯等相关数据。

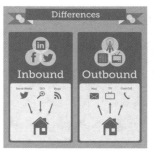

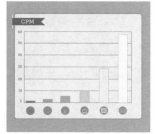

图 5-44

第三节 注意演讲中的态势语言

演讲不仅需要言辞，也需要准确辅以动作和表情。这种通过演讲者的身体姿态、手势动作、眼神表情等进行交流的方式，称为态势语言。

态势语言是演讲中的一种重要交流手段。演讲态势语言可以展示演讲者的风采，加强语言、文字、图片等信息的可信度，帮助演讲者更准确、更形象、更有效地表情达意，弥补语言和文字的不足。市面上有关演讲态势语言的书籍和文章数不胜数，在这里重点提醒学生们在实践中应注意以下问题：

一、切忌背向观众

演讲者背向观众，容易让观众产生一种被忽视、不被尊重的感觉。演讲台上的屏幕是面对观众、供观众观看的，而不是给演讲者看的。作为演讲者，应对自己的汇报页面十分了解，当前页面应该讲什么内容，接下来的一页又是什么内容，所有环节都应做到心中有数。背对观众盯着屏幕来汇报，只能说明你对演讲的内容不够熟悉。这种情况并不少见，甚至在公开的"广州创意之夜"活动上，许多演讲者一直背对观众，显得很不专业。

图 5-45 演讲中演讲人背对观众，是很不专业的行为。

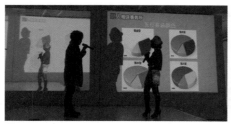
图 5-46

图 5-47

图 5-48

图 5-46—图 5-48 中双人一起演讲时也应该保持与观众的互动交流，而非盯着屏幕，或只与同伴交流。

当然，这并不是说演讲者在汇报的全程中不能看屏幕。演讲者可以站在讲台侧面，呈 45 度角侧身用余光扫视屏幕内容，也可以短时间回头浏览屏幕内容，有时候还需要利用工具（例如激光笔）指示出屏幕上的重点内容。

二、适时离开控制台

一般多媒体教室都会在角落里设置控制台和桌面屏幕。演讲者如果一直躲缩在角落来翻页或演讲，非常不利于与观众进行目光交流。条件许可的情况下，演讲者可以适时离开控制台，汇报页面的切换可以通过多种方式来进行。

1. 让其他人帮忙翻页

在演讲中可以通过动作示意，让配合汇报的辅助人员来翻页。若担心与辅助者配合不当会影响演讲效果，可事先排演。

2. 通过自动播放来切换页面

在这种方式中，由于每张页面的播放时间是预先设定的，演讲者必须对演讲内容非常熟悉。演讲速度过快或过慢都无法与自动播放的页面密切配合。如果当前页面内容未讲完，系统就已经自动切换到下一页，也不要慌张，可以尽快结束当前话题，转向下一项内容。由此可见，采用自动切换页面的方式时，预先的演习十分重要。通过反复练习，调整语速和内容，以配合页面的播放速度，确保正式演讲顺利进行。

3. 利用激光翻页控制器自行切换页面

利用电子产品进行辅助，可以自行控制前后翻页的时机。利用翻页器的激光，也能在演讲中随时指出页面中的关键内容。

此外，演讲者离开控制台时要注意站位，尽量不要遮挡投影屏幕，以免影响观众视线。

三、减少多余小动作，使姿态更自然

通常演讲者在汇报过程中由于紧张，会不由自主地做出别扭的姿势或带入很多小动作。例如在演讲台上出错了或不知道该怎么继续说下去的时候，习惯性地吐舌头和咬嘴唇；思考接下来的内容时，用手抓头或摸鼻子；手拿麦克风却没有使用，而是在手里摇晃、把玩；手不知放在何处，而身体僵硬地站立，等等。这些不自然的表情、姿势和小动作，一方面会让观众感觉到你十分紧张，另一方面也会分散观众的注意力，从而错过你演讲的关键内容。因此，应尽量控制和减少这些不必要的小动作，以自然大方的姿态出现在演讲台上。

减少多余的小动作，并不是说要限制肢体语言，实际上，演讲中也十分忌讳演讲者呆若木鸡地站在台上。在演讲中，若能善于利用手势进行比划解说，并声情并茂，往往能更为生动地传达信息。使用手势时应注意与全身动作协调，与口头语言和情感的表达协调。恰当使用肢体动作能提升演讲者的自信心，给观众留下良好的印象。

四、利用眼神增加与观众的交流

不少学生在进行汇报的时候，只顾低头看讲稿或转头看大屏幕，从不正视观众一眼。但凡有成功经验的演讲者，大多能够恰如其分地运用自己的眼神与观众进行互动，表达思想感情，调节现场气氛。演讲中使用的眼神应赋予一定的思想感情色彩，以及配合演讲主题。而在与听众的眼神交流中，也应注意观众是否表现出对演讲内容有怀疑或十分赞同的神色，从而适时调整演讲内容。

演讲者在汇报时最好保持平视，把视线落在会场中排的观众身上，但不要把视线长时间地停留在某一点，而应在演讲中适当变动注视对象与目光焦点。要顾及前排和后排的听众，并不时自然地将目光移向左右两边。

演讲者切忌眼睛总是向上翻动看天花板，也不宜经常把目光移向窗外、门外或任何观众之外的物体上。经验不足的演讲者可以使用眼神虚视法，使眼睛的焦点模糊起来，好像在盯住什么东西看，但实际上什么也没有看，这样可以减轻心理压力，克服紧张情绪，把精力集中在演讲内容上。

第四节 从屏幕汇报走向多途径表达

PPT 简报虽然是时下流行和应用最为广泛的一种演讲形式，但是屏幕式汇报并不是唯一的表达方式，在很多情况下它也不是最佳的表达方式。因此，我们要善于利用各种方法来提高和完善汇报表达的技巧。

一、实物道具的辅助表达

屏幕式的汇报适合比较大型的汇报和场所，无论数十、数百、上千人，只

图 5-49 演讲中切勿一直低头看讲稿和讲台屏幕

要放大屏幕的尺寸、或增加屏幕的数量，便能使观众看到。而在小型演讲汇报中，有更多灵活的形式能提升汇报的效果，比如采用文稿、展板、模型和道具等实物辅助屏幕式的汇报表达，甚至可以抛开屏幕独立进行。这种形式往往更适合一个课程或项目的中途

汇报阶段。

1. 文稿

演讲过程中如有需要，可以印发演讲文稿。在演讲中向观众分发文稿，能让观众更清晰地了解报告的大纲，更准确地抓住每一项要点，也能够将其作为报告内容的笔记资料留存。

文稿内容不必长篇大论，一般只需列出大纲和主要观点，最多再补充一些演讲中未提及的内容。几页文稿比长篇的文章段落更能让观众记住你所演讲的内容。

2. 展板和模型

展板和模型是演讲中非常好的视觉化辅助实物，也很适合脱离屏幕式的汇报而作独立展示。展板可以是精心编排的海报、方案草图，以及半立体的拼贴，产品部件的某些材质物料也可以真实地呈现在观者面前。而实物模型可以比图片或视频更全面地展示产品情况，向观者进行模拟演示操作。

3. 服饰和道具

为配合汇报主题和内容，演讲者在演讲台上的妆容、服饰也要经过精心搭配，这正如前面章节中我们对照片拍摄的要求，模特的服饰、妆容、道具等每个细节都应该和产品主题配合一致。当演讲者是一个团队的时候，他们之间的服饰如能做到协调统一，能极大地提升团队的精神面貌，给人留下良好的印象。

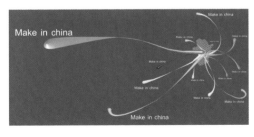 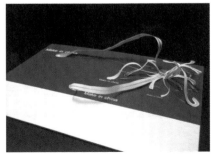

图 5-50　　　　　　　　　　　　　　　　　　　　　　图 5-51

图 5-50、图 5-51 为"广州印象"课题中，越秀区组的展板设计图和实物，主题为"对外贸易枢纽"。

图 5-52   图 5-53

　　演讲中使用的辅助道具，有些是为了配合服饰造型，有些是为了配合演讲内容，有些是为了配合现场表演……使用道具能协助演讲者的肢体语言动态表达，使观众更直观地理解汇报内容。

图 5-54 "广州印象"课题中，东山区 A 组的汇报现场和服饰道具，主题为"东山少爷"。

图 5-55 为学生在模型制作的课堂汇报中进行实物操作演示。

二、现场进行绘制和操作示范

在设计项目的中期阶段，由于屏幕报告往往尚未完善，观众可能对某些内容有疑问，有很多细节内容也需要现场进行解说补充。条件允许的情况下可充分利用现场的各种条件，例如纸笔、黑板粉笔、白板记号笔，或者实物投影台、电子白板等设备进行绘画示意解说，简单的几笔草图示意过程有时能胜过千言万语。这种形式并不限于中期汇报，边画边讲是一种可以多使用的非常生动的演讲汇报方式。

现场的演示能给人最真实的感受，在条件许可的情况下可把模型道具等实物带到演讲现场进行操作示范，这比屏幕图片、视频演示的说明效果更好，它带给人的真实感受是图片和视频没法比拟的。

图 5-56　　　　　　　　　　　　　　　　　　　　　　　　　图 5-57

图 5-56、图 5-57 为学生在汇报中进行实物操作演示。

三、多感官的充分体验和配合

利用屏幕进行汇报演示时，应充分调动起观众的视觉、听觉、触觉、嗅觉和味觉的综合体验，尽可能全方位地丰富人们的感官体验。

对于人们最常运用的视觉、听觉和触觉，在演讲过程中应该始终考虑如何使用各种客观条件让其发挥到最佳效果。例如进行屏幕演示时环境与灯光是否影响屏幕的投影效果，道具模型展示时光线是否足够恰到好处；在演讲的不同阶段，什么时候以屏幕演示为主，什么时候以演讲者的肢体动态表达为主，是

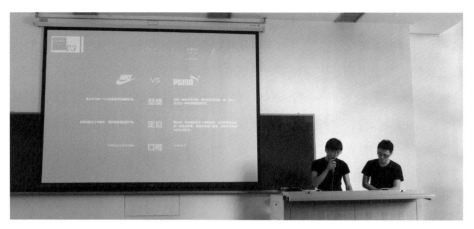

图 5-58 环境光容易导致屏幕看不清

否需要在不同阶段调整灯光的设置；又如屏幕演示时播放的背景音乐和视频声音的声量是否恰当，是否会盖过演讲者的声音，或能让后排同学听清楚，等等。总之，这些问题都需要事先考虑，并提前调校好设备。

例如图 5-58 两位同学的 PPT 页面为黑底白字，两人也特意将服装搭配为黑色短袖 T 恤。但是汇报当天，现场阳光比较充足，他们没有拉下窗帘来遮挡光线，再加上汇报页面的字体较小，导致汇报时观众无法看清页面内容，十分遗憾。

使用模型和道具的时候，也要思考其摆放和握持的位置是否影响展示效果，是否有机会让观众亲自触摸感受，是否可以分发实物让更多人体验，能否邀请某些观众上台配合演示，等等。这些不同的形式会产生不同的效果，同时也要注意现场控制，掌握好互动的时间，以免影响接下来的演讲进程。

例如图 5-59 中的同学汇报的是电吹风的模型制作过程，并现场进行了模型的使用演示，但是讲台上与此次演讲内容无关的音箱模型抢了镜头、喧宾夺主。这组音箱模型其实是下一组要汇报的同学提前放上去的，电吹风组的同学应该在演讲前将其搬开，以免影响自己的汇报演示效果。

在某些特定的主题下，对嗅觉和味觉的充分运用能极大地调动观众的积极性，促进演讲现场的互动。在一个题为"广州印象"的课程调查汇报中，有两

图 5-59

个实例可以用来对比参考。其中一个小组以荔湾区的传统小吃姜汁糖为调研对象，另一个小组则选择了东山区的小洋楼红酒馆。

荔湾组在汇报中用表演的形式引出主题"西关小食姜汁糖"，并安排组员模仿刘翔为这种西关小吃做广告吆喝。当他们拿出一包价值只有几元钱的姜汁糖分发时，大家都争相品尝，现场的气氛非常好。

东山组 B 组的汇报模拟了采访酒馆老板的情景，并准备了一些现场道具，分发了一些红酒给现场观众品尝，可惜用于承载红酒的是一次性纸杯。虽然他

图 5-60 在题为"广州印象"的课程调查汇报中，荔湾小吃组运用了多种汇报形式，并在现场分发了西关传统小吃姜汁糖。

图 5-61 荔湾小吃组现场播放的假扮刘翔的视频广告。

图 5-62

图 5-63

图 5-62、图 5-63 为荔湾小吃组使用的展板与姜汁糖道具。

们特意用铁丝自制了一个酒架，但是手工略显粗糙。在道具细节上，红酒和酒具之间已经十分不搭配，加上酒架的简陋，自然影响了视觉效果，也影响了心

图 5-64 图 5-65

图 5-64、图 5-65 为在"广州印象"汇报中，东山区 B 组组员模拟采访红酒馆老板的情景。

 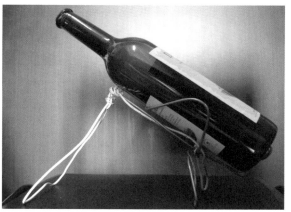

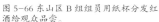

图 5-66 东山区 B 组组员用纸杯分发红
酒给观众品尝。

图 5-67 东山区 B 组组员自制的道具红酒架。

情。最后因为各种原因（如卫生条件、个人喜好、饮酒场合等），该小组分发
的红酒大家基本都没有品尝。室内弥漫着红酒的味道，但它们并没有达到预期
的效果，甚至产生了反作用。

因此，在调动多种感官体验时，有很多问题应该注意，如是否符合实际需
要，是否符合演讲主题，是否符合对象的喜好，各个环节是否恰当配合，能否
增进互动、调节气氛等。这些都会影响实际的表达效果，并不是利用了多种感
官就一定会有好的效果。

四、故事剧本的表演设计

一次演讲实际上也是一场表演，语调语速是否抑扬顿挫、表情是否丰富生动、肢体语言是否灵活得体，都会影响最终效果。很多成功的演讲者都运用表演技巧来提升他们的台风与口才，依靠个人的演讲魅力来征服观众；而经验不足者，也可以学习运用表演的方式克服演讲的紧张，改变演讲时表情木讷、手足无措的情形，增强舞台表现力。

两人以上的团队合作也很适合用表演的形式进行演讲汇报，如事先设计好故事剧本作为演讲稿，然后在团队内部进行角色分工。故事表演式的汇报让演讲的过程更加生动有趣，便于观众理解。我们提倡在演讲中通过讲故事来说明一个道理或证明一个观点。故事不但能够传递信息，更能够传递情感，往往使人们更容易接受所讲述的内容。

在一次练习中，课堂规定的汇报主题是"我最喜欢的某件物品"，有的同学以拍摄的视频为引导，有的同学带来了她最喜欢的食物"马卡龙"，并邀请观众一起品尝。

这里对一个作业案例《我最喜欢的金莎巧克力》进行分析。"……金莎巧克力是我小时候觉得比较贵的一种零食，很少有机会吃到。这个巧克力为什么叫金莎呢，因为它外面的一层包装是金色的……用一种金箔纸来包，然后它分了三层的材料来做，有三层的口感。最外层是一个碎果仁的……碎果仁的薄浆吧；然后有一层威化，有巧克力，还有榛果。它的口感比较松脆，有很浓的巧克力味道……"以上是某位同学对金莎巧克力的描述。最初，当这个男生神秘地拿出他最喜欢的物品——竟然是金莎巧克力时，我们非常好奇，也充满期待，

表 5-2 表演的四种形式层次

语音表演	语调、语速、轻音、重音、连读、停顿等
动作表演	眼神、表情、手势、动态等态势语言
道具表演	模型、服饰、道具等实物辅助
故事表演	运用语音、动作、道具等综合表现故事情景

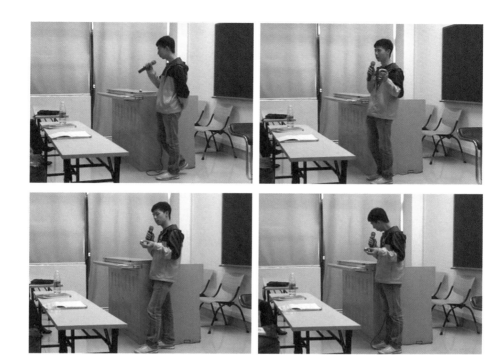

图 5-68 学生汇报《我最喜欢的物品——金莎巧克力》

想要了解这里面的故事："为什么一个大男生最喜欢的物品竟然是金莎巧克力，这里面难道有一个爱情故事吗？"然而我们却听到了以上描述，非常失望。这位男生平铺直叙地讲了一些众所周知的内容，很难引起大家的兴趣。与听众产生互动，除了发问、展示实物以外，还包括情感上的互动。演讲者需要"以情动人"，而最能引起大家共鸣的就是故事，所有人都喜欢听故事，不是吗？

笔者在点评的时候讲述了自己和女儿的一个故事："我也有一个关于金莎巧克力的故事。金莎巧克力不是我最喜欢的零食，我一向不喜欢零食。但它是我 3 岁女儿的最爱，而且每次我们都会分着吃同一颗巧克力。金莎巧克力有非常丰富的口感，这来源于它的四层包装。剥开金色的包装纸后，先是一层碎果仁巧克力，然后是一层松脆的威化，接着是一层厚厚的巧克力，最里面包裹着一粒花生。其实我的女儿并不是太喜欢巧克力，每次都会先把最外面的那层碎果仁和威化吃完，再把巧克力让给我吃，最后要求我把花生留给她。为了博得

图 5-69 金莎巧克力的包装和四层结构。

女儿甜甜的可爱吃相，我经常在包里放一颗金莎巧克力，等她发现这个惊喜。"故事结束后，同学们都露出了羡慕的表情。这才是我们需要的与观众的互动和共鸣。

我们甚至可以通过带有完整故事情景的表演来进行一场演讲汇报。若要进行一场好的故事表演，首先要设计故事剧本，就像一部好电影首先需要一个好剧本一样。演讲故事的结构可以分为引子、背景、情节和结论四个部分。引子的作用是吸引读者的兴趣，内容应简明扼要。背景则要简单交代时间、地点、人物等信息。情节是故事的核心部分，精彩的故事由一个个情节逐渐推进、堆砌而成，依靠矛盾冲突或激烈转折引起观众的共鸣，最后在高潮中结束故事。故事的结论要明确和呼应主题，所有引子、背景和情节都是为结论服务的，所以策划故事时要先从结论开始构思。

在设计汇报中运用故事进行表演，一个常用的方法就是将产品调研过程中碰到的具体问题用故事情景的方式去重新演绎。在介绍新产品的设计时，也可以用故事情景去展现产品的各种特点和使用方法，在特定的时间、地点、人物、背景下，将故事情节设定为某人使用该产品的过程，最后得出使用该产品的体验效果与结论。

课堂案例：

在"广州印象"课题中，海珠区 B 组的同学以电视节目《美院一线》的报道形式，引出主题"印象海珠"，介绍小组调研结果：被珠江包围的海珠区，桥是其最大的特点之一。

表 5-3 "印象海珠" 故事表演剧本

	故事剧本	屏幕播放	环境 / 道具 / 角色表演
引子	**主持人：** "各位观众朋友好！这里是《美院一线》的节目现场，我是主持人林素雯，欢迎收看这一期周末十分钟特别版节目。今天收到报料人林先生的报料，说广州美术学院近几天出游与熬夜人数剧增！传说是由一个叫'广州印象'的课题所引发的，我们的记者从一名晕倒的女子手中的 U 盘里发现了一则短片，内容与我们今天节目的主题如出一辙，好，我们话不多说，先来看一下这个短片。"		 主持人报道 《美院一线》节目道具
背景	**短片播放：**《印象海珠一日游》 **主持人：**"相信以上短片是熬夜赶出来的。对于这种精神我们十分敬佩，但同时也呼吁广大的莘莘学子们在学习的同时也要注意身体。刚才的短片让我们对珠海有了初步印象，相信大家对珠海的印象还是比较模糊，没关系，广告后会有更多精彩内容！" **gif 动画：**广告花絮过马路	《印象海珠一日游》短片，时长 1 分 31 秒 配乐：California Dreaming	

（续表）

		模拟访问短片，时长 1 分 53 秒	
情节	**主持人：**"欢迎再次回到我们《美院一线》周末特别版'印象海珠'的节目现场。说到海珠区，大家的第一反应会是什么呢？我们一线的记者带着这个问题走访了海珠一带，一起来听听路人们的印象。" **短片播放：**模拟访问短片，组员分别扮演记者和被访者。 **主持人：**"刚才我们听了很多路人聊起对珠海区的印象，大家众说纷纭，但我们仍能总结出来一点，就是大家都有一个感觉，认为这里桥多，是居住的好地方。这两者是不是有什么关联呢？带着这个问题，我们很荣幸地请到了国内知名的桥梁专家全梁峰和林土兴教授来到我们的节目现场。（教授进场，鼓掌欢迎！）全教授，林教授，你们好！我们知道海珠在没有这么多桥以前是一个工业区，现在逐渐变成了一个居民区，我想这里面是不是有什么关系呢？"	 **记者**（拦截路人，画外音）："这位同学请等一下，我们是《美院一线》节目的记者，想问一下你对海珠的印象。" **赶路者：**"海珠广场咯，集中市场多咯，还有桥多咯……" **记者：**"你们好，打扰一下，我们是《美院一线》的记者，想问一下你对海珠这一带的印象是什么？" **江边情侣：**"海珠呢，就是桥比较多，并且她有很久的历史，风景比较好，空气比较新鲜，去拍那个好地方啦。" （此部分为粤语对白，被访者模仿广州老伯的说话特色和语气） **记者：**"阿伯你好，在广州住了多少年？" **阿伯：**"80 年了！" **记者：**"那这一带的变化是不是很大啊？" **阿伯：**"大啊！多了很多树。" **记者：**"还有呢？" **阿伯：**"还有啊？环境漂亮了！" **记者：**"海珠这一带呢？" **阿伯：**"海珠这一带啊？多了很多新楼咯！" **记者：**"为什么呢？有没有想过？" **阿伯：**"为什么？没有想过哦……" **记者：**"你好，我们是美院一线的，想访问一下你对广州海珠这一带的印象怎样？" **观光客：**"这里很好，挺漂亮的，这座桥很有特色，就是广州的缩影了！"	 主持人采访"桥梁专家"

（续表）

| 结论 | 全教授："海珠桥不但建筑历史悠久，而且对于广州来说，地理位置也非常重要，她沟通了海珠、越秀两个大区，不仅方便了群众，而且繁荣了两岸的经济，是珠江上一颗璀璨的明珠。它就像一位历经沧桑的老人，见证了广州的历史，也续写着她今日的辉煌。1963年评选羊城八景时，海珠桥是'碧海丹心'的组成部分。"

林教授："中间的地图，是海珠区的地图，代表的是海珠区。图上镂空的部分，代表的是珠江；12条吸管，代表着海珠区的12座桥，它们就像吸管那样互相吸收两地文化。假如将所有桥都拆掉，海珠区就孤立于其他区，经济发展也会变得落后。这些桥，起着支撑海珠区立于广州的支架作用，也是海珠区经济发展的纽带。"

主持人："谢谢两位教授！看来桥是海珠区最大的特点之一，每座桥都有其独特的历史文化和气质，带动了两岸经济和文化的繁荣和发展。" | 
"教授"发表见解

展板：岛与桥 | |

第五节 课堂练习与作业案例点评

一、课堂练习

概括《一道语言应用题，13 万考生吃鸭蛋》中的两个图表的大意。给同学们 5 分钟准备时间，然后邀请同学进行回答。指导老师可以给出以下指导，再次邀请同学根据这个逻辑关系进行描述。

（1）这是什么类型的图表？

（2）横坐标与纵坐标分别代表什么？

（3）分别对最高点和最低点进行描述；

（4）对图片的趋势进行描述；

（5）小结调研的成果。

二、课后作业与点评

1.图表设计

以"我的一天"为主题，选择本章节中所学的各种图表视觉化方式，描述自己在学校里普通的一天。要求如下：

（1）只能使用一个页面，而不是多个页面；

（2）提交格式 jpg 或 pdf 文件。

图 5-70

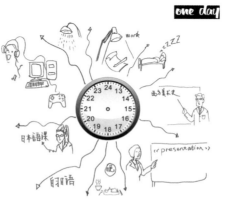

图 5-71

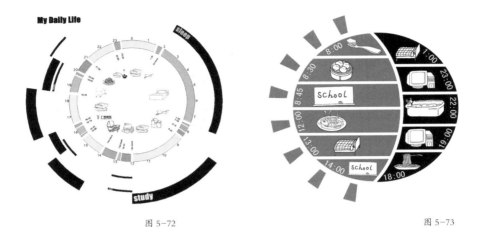

图 5-72　　　　　　　　　　　　　　　　　　　　　　图 5-73

部分作业展示与点评：

在《我的一天》的图表作业中，大部分同学都能够使用视觉化的方式进行图表表达，有的使用插画，有的使用图标，有的使用非常专业的仪表盘图表，从视觉冲击力来看基本达到我们本章的要求。然而，有一半以上的同学只是以一种简单的方式来叙述几点起床、几点上课、几点吃饭、几点睡觉等问题。这种单纯地以时间作为陈述的逻辑关系，必然会陷入小学生写"流水账"作文的方式。我们希望同学们能从更多的角度去看待"我的一天"，去发现更多。图表案例《白领的一天》以品牌作为逻辑关系，作为大学生的我们，能有哪些新的陈述语言来描绘年轻人的生活方式呢？

这里我们展示另外 3 个同学的作业：

图 5-74

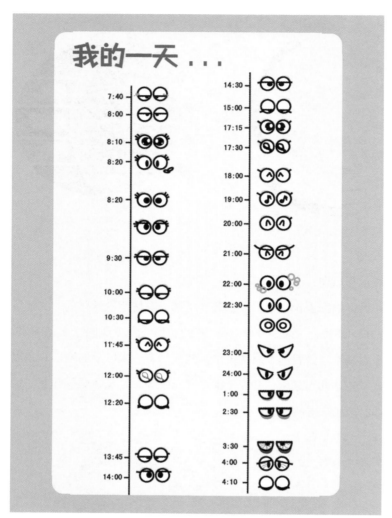

图 5-75

图 5-75 是从眼睛来看一天的情绪变化。早上 7:40 刚刚起床时睡眼蒙眬,8:20
为眼睛化妆, 9:30—10:30 之间在课堂上昏昏欲睡, 晚上 6 点后听着音乐兴高
采烈。深夜了, 被周围吵得无法入睡、两眼通红, 直到凌晨 4 点才又睡着了。

图 5-76 是以作者看到的门作为陈述线索。门是从一个空间进入另一个空
间的重要标志, 读者可以根据各种门想象出作者在不同时间、不同区域的活
动。8:10—8:40, 作者起床后从蚊帐中钻出来, 打开衣橱柜门换衣服, 进入阳

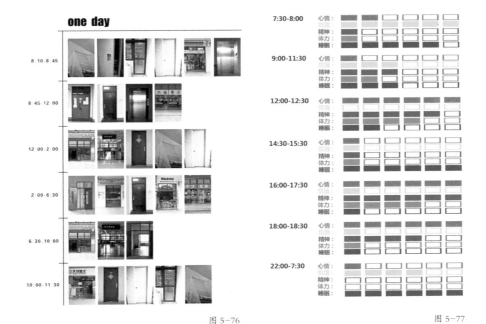

图 5-76   图 5-77

台去洗手台梳洗，完成所有个人卫生后走出宿舍的门，到楼下 7-11 便利店购买早餐。8:45—12:00，主要在教学区活动，使用了 A 栋教学楼的电梯，在 A 栋 414E 教室上课，途中去了女厕所，中午来到生活区二楼餐厅吃午饭。其他的活动细节在这里不一一赘述了。同一个学校的老师和同学看了这些图片，再联系上时间，心领神会，都能轻易辨认出这些活动区域，而这也体现了作者的幽默感。

图 5-77 使用了一组计量式的条形图，作者在每个时间段分别以心情、饥饿、精神、体力和睡眠这 5 个指标来表述自己的状态。虽然是很好的构思，但是在表达形式上并不成功。怎样改进这个图表呢？首先，心情、饥饿、精神、体力和睡眠这 5 个指标可以用视觉化的图标来表述。其次，这个分组的条形图彼此之间没有关联对比，建议将 7 个时间段使用三维立体化的折线图进行对比，这样读者就能清晰地看到每个指标在不同时间段的起伏关系。

2. 自拍照造型展示

拍摄一张与你平时的妆容风格完全不同的全身照片，将其与你的一张生活

图 5-78 广州美术学院 2008 级设计学，关少兵

照放在一起展示。点评作业的当天，请大家尽量以新造型来到现场，同时演示全班同学的照片。如果造型让人相当意外或很有亮点，将邀请这位同学上台介绍自己的造型，时间为 1 分钟左右。

部分作业展示与点评：

表演式的演讲尤其需要服装和道具的配合，肢体动作和表情也需要表演到位。作业点评时，当大家看到平日里熟悉的同学摇身一变，以各种意想不到的新鲜造型出现时，都会眼前一亮。此项作业的完成应遵循本书第三章所提及的一些拍摄导则，例如拍摄带模特的产品概念时，要注意人物形象、道具和环境之间的协调关系。

图 5-78 的同学在服装和化妆上都很精心，指甲油这种细节也显出其用心；图 5-80 中的同学对道具的使用和表情扮演都很到位。但是他们都选择了在学校天台来拍摄照片，环境的配合方面略显不足。同理，图 5-81 中的同学精心的打扮以普通楼房和地板作为拍摄背景，也显得有点简陋。当然，同学们并非专业模特和演员，姿势和表情略微生硬也是可以理解的。

图 5-82 的陈一林同学则考虑得比较全面。首先为两张照片选择了同样的

图 5-79 自拍照造型的课堂展示介绍现场（组图 3 张）

图 5-80 广州美术学院 2008 级设计学，余帆

图 5-81 广州美术学院 2008 级设计学，陈晓君

环境背景，分别以甜美的女孩和冷酷的中性形象出现。其道具配合也很到位，如女孩喜欢吃的甜品，冷酷男性所抽的香烟等。同时，她的动作和表情也考虑

图 5-82 广州美术学院
2008 级设计学，陈一林

到了不同的性格特征。另外，这位同学将两个造型对照的时候，中间编排了一条很窄的白条以作分隔，思考得比较周到和仔细。

3. 多途径表达练习：介绍一件我最讨厌 / 喜欢的东西

作业要求：

（1）结合本章节所学内容准备这一主题的演示汇报，思考如何运用多感官、多途径的表达，使演讲更生动有趣。注意在演讲时应与观众有更多交流和互动，同时注意自己的态势语言。

（2）现场汇报每人限时 2 分钟，请大家控制好时间。由于课堂上时间有限，我们只邀请 10 位同学进行分享报告，同学们可以主动报名。现场还会有录像和一些互动环节，老师和同学都可以随时进行点评。

（3）未能在现场进行分享的同学，需在课后提交自己录制的 1 分钟视频作业，形式不限，但必须亲自面对镜头。可结合第三章所学内容制作此视频。

通过这项作业，可以让每位同学都有机会面对众人演讲，锻炼台上或镜头前的态势语言以及口头语言表达能力。

部分作业展示：

《我讨厌的是香烟，我喜欢的是双飞人药水》

图 5-83《我讨厌的是香烟，我喜欢的是双飞人药水》，广州美术学院 2008 级设计学，余帆的作业汇报现场

图 5-84《我讨厌的是香烟，我喜欢的是双飞人药水》，广州美术学院 2008 级设计学，余帆的作业汇报现场

　　该同学在汇报现场带来了双飞人药水分发给同学们试用，药水的气味及其与皮肤的接触调动了大家的嗅觉与触觉，演讲过程的互动气氛很好。

　　图 5-85 与图 5-86 中的两位同学都在宿舍里介绍了自己最喜欢的东西，演讲表达比较自然，以自己与物品的故事打动观众，真情流露，很有生活气息。

《我最喜欢的东西——日记》

　　文件大小：258MB，视频尺寸：720×576，视频格式：avi，时长：01:11。

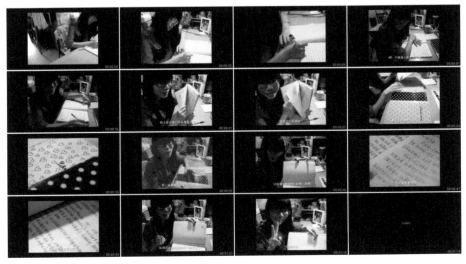

图 5-85《我最喜欢的东西——日记》，广州美术学院 2010 级设计学，张惠怡

《我最喜欢的玩具》

文件大小：33.6MB，视频尺寸：800×600，视频格式：mp4，时长：01:18。

图 5-86《我最喜欢的玩具》，广州美术学院 2010 级设计学，林靖翔

《佳能 500D 套机用户完全指南》

文件大小：59.3MB，视频尺寸：1920×1080，视频格式：wmv，时长：00:59。

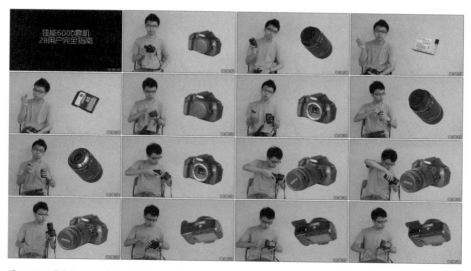

图 5-87-1《佳能 500D 套机用户完全指南》，广州美术学院 2010 级设计学，张赞勋

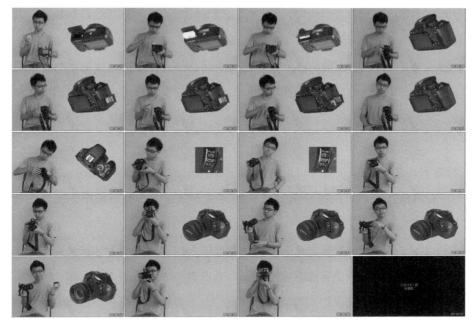

图 5-87-2《佳能 500D 套机用户完全指南》，广州美术学院 2010 级设计学，张赞勋

　　该同学在视频中没有说话，而是以默剧的形式进行相机的操作演示，表情与动作都很到位。同时，屏幕旁边配以操作时对应的不同角度的相机图片特写，悦耳的背景音乐也与镜头切换节奏相宜，到最后拍照时"咔擦"一声屏幕变黑，音乐也正好结束。画面以纯净的浅灰色背景墙衬托人物的中灰色上衣，很好地突出了黑色的相机主体。

本章小结

　　设计汇报的形式是多种多样的，除了图片、视频、图表等屏幕上的视觉元素会直接影响汇报效果，观众视觉和听觉范围内的所有物体也会对汇报效果产生影响，包括演讲的设备和环境、演讲者的语音语调、态势动作和服饰道具等，而一个故事表演式的演讲则会给人留下更为深刻的印象。若要让设计汇报更有冲击力，任何有助于加强设计传达的手段都可以根据实际情况灵活运用，应学会从单一的屏幕汇报走向多途径的综合表达。

关键词

视觉化，图形化，态势语言，多途径表达

思考题

1. 为何在《一道语言应用题，13 万考生吃鸭蛋》的高考题中，图片内容涉及比例，却使用了柱状图，而不是饼状图？

2. 在"第二步：图形化你的图表"章节中有多个转换图表，请思考一下这些图表的原基础图表是什么？联想图形是什么？

推荐阅读

张志、刘志、包翔：《说服力——让你的 PPT 会说话》，人民邮电出版社，2010 年。

张志、刘志、包翔：《说服力——工作型 PPT 应该这样做》，人民邮电出版社，2011 年。

〔美〕基恩·泽拉兹尼：《用图表说话（麦肯锡商务沟通完全工具箱）》，马晓路、马洪德译，清华大学出版社，2008 年。

〔美〕马尔科姆·库什纳：《轻松作演讲》，徐建慧译，机械工业出版社，2009 年。

〔美〕加洛：《乔布斯的魔力演讲》，葛志福译，中信出版社，2011 年。

马克：《这样学演讲：身体练表演，嘴巴讲故事》，机械工业出版社，2007 年。

第六章

课程总结汇报与点评

内容摘要：本章为课程最后的总结部分，通过完成一个相对复杂的作业，可以把所学的综合设计表达中的 9 大知识点进行融会贯通。

一、课程总结作业:《品牌对比》

作业要求:

选择其中的两个品牌进行分析比较，可以从产品特征、品牌定位、专卖店

第一组品牌（图6-1）	第二组品牌（图6-2）
索尼（Sony）、佳能（Canon）、IBM、苹果（Apple）、联想（Lenovo）、三星（Samsung）、欧乐B（Oral-B）、耐克（Nike）	海飞丝（Head & Shoulder）、霸王、多芬（Dove）、安利（Amway）、沙宣（VS）、阿迪达斯（Adidas）、彪马（Pump）、匡威（Converse）

图 6-1　　　　　　　　　　　　　　图 6-2

210 / 设计汇报表达的艺术 /

风格、用户群特点、销售策略等方面入手，最终提供一份不多于 20 页的 PPT。

PPT 中需要包括：

（1）为什么选择这两个品牌？

（2）从哪些方面加以分析论述？

（3）论点是什么？

（4）有哪些论据？

（5）比较后的结论是什么。

注意事项：

（1）综合运用全书各章节中所学的要点进行设计汇报。

（2）以 2—5 人为一个团队，充分发挥团队精神，合理分配每位演讲者的汇报内容和时间。

（3）每个小组的汇报时间与人数有关，平均每位同学有 1 分钟的汇报时间。如果是 3 人的小组，整个小组则有 3 分钟时间，但团队内部时间的分配并不限制。

（4）如果安排有视频或表演环节的小组，会额外获得 2 分钟的汇报时间。

评分标准：

（1）整个设计汇报的结构与逻辑性是否合理，重点是否突出，选择对比的理由是否充分，结论部分是否能体现个人的观点。（50%）

（2）在版式设计上，是否使用了视觉化的语言，是否合理运用各种图表，画面编排是否美观等。（20%）

（3）汇报人的语言表达能力是否达到基本要求，是否能清晰描述一个事物或表达一个观点。（15%）

（4）是否运用多途径的综合表达手段，如是否安排有表演，与观众的互动是否获得理想效果，肢体语言、态势语言是否恰当，团队配合是否流畅。（15%）

二、部分作业点评

从同学们的设计汇报来看，主要存在三个方面的问题。

1. 设计汇报的逻辑结构问题

作业一：

这是关于多芬和沙宣两个品牌的对比。有 3 名演讲者，汇报时间 3 分钟，没有表演。（图 6-3）

汇报全文：

为什么要选择这两个品牌？因为这两个品牌产品品类相似，但有不同的定位。

首先表现在品牌理念上，多芬崇尚自然之美，而沙宣崇尚张扬的个性。

从品牌的标志来看，多芬的设计简洁素雅，而沙宣采用红色，字体张扬，并有一种中性化的个性感。

从产品类型来看，多芬的产品倾向于护理，而沙宣的产品更倾向于造型。

再看看它们的品牌代言人。多芬启用了一位 86 岁的老人为品牌代言，以此宣扬品牌对自然之美的崇尚。沙宣则使用非常年轻时尚的模特作为代言人。

在宣传方式上，多芬是通过人传人的方式以口碑相传，沙宣则更多地使用报纸杂志做宣传。

在市场销售上，多芬的价格更低，沙宣的价格更高。

在品牌的市场占有率上，两个品牌旗鼓相当。

这两个不同的品牌虽然有不同的定位，但都获得了成功，关键在于它们都有属于自己的品牌故事。这是我们的总结，谢谢！

点评：

（1）从逻辑结构来看，这是一个可以拿满分的 PPT。汇报人目标明确，思路非常清晰，只想说明一个观点"不同品牌要有自己的定位，自己的故事"。汇报人所描述的品牌理念、标志设计、产品类型、品牌代言人，以及宣传方式等，都是围绕着这一观点展开。整个汇报只用了 11 句话，340 个字左右。可以看出汇报人是经过精心思考，才把内容放在页面上的。

图 6-3

（2）在版面设计上，图文搭配合理，内容表达清晰易懂。

（3）汇报人过于紧张，陈述不够流畅，口语使用过于频繁，使语言不够言谨。

（4）整个汇报缺乏与观众的互动，汇报人表情过于严肃。这是一个关于"品牌故事"的汇报，如果配合多途径的表达手段，将会给人留下更深刻的印象。

作业二：

这是关于阿迪达斯和彪马两个品牌的对比。有 3 名演讲者，汇报时间为 5 分钟，其中包括 2 分钟表演时间。（图 6-4）

（1）整个设计汇报结构非常清晰，可以看出汇报人的思路非常明确。整个汇报围绕着阿迪达斯和彪马这对竞争对手展开。汇报人并没有花太多笔墨从历史、产品类型、消费者这些传统的角度去作对比，而是抓住这两个品牌之间最鲜明的品牌形象进行对比。从标识设计上看，阿迪达斯是蓝色的，彪马是红色

图 6-4

的；阿迪达斯是三条斜杠，彪马是三条曲线；阿迪达斯的口号是"Impossible is nothing"，没有什么是不可能的；彪马的口号是"Nothing is possible"，无足轻重的可能。还有广告和店铺风格，这些都能看出两个品牌之间针锋相对的市场竞争策略。可以看出汇报人在内容的选择上确实经过深思熟虑，精挑细选。

（2）在版面设计上，汇报人采用非常简洁且有动感的设计效果。汇报各版面非常统一，处处保持蓝色和红色这两个品牌的色彩对比。但总结页面全部是文字，可以考虑进行修改，使用图表和图标等方式使之更有视觉冲击力。

（3）主要汇报人语言表达能力很强，表情生动自然，在陈述中增加了幽默轻松的语气，以配合"运动品牌"这样的主题。

（4）汇报从讲述阿迪达斯和彪马两名创始人的一段有趣的故事开始。阿迪达斯和彪马这两大国际运动品牌的创始人——鲁道夫·达斯勒和阿道夫·达斯勒是亲兄弟，曾经携手共创品牌。然而好景不长，二战结束后，兄弟两人由于种种原因最终分道扬镳，分别创建了阿迪达斯和彪马两大品牌。在汇报时，两名同学分别扮演成这两兄弟，重现了两人从友好到争吵不休的场面，非常有趣，为整个汇报拉开了序幕。接下来，演讲者从专业的角度对比了两个品牌的品牌形象。整个汇报既专业又有趣，很好地平衡了各方面的因素，是本课程中最为优秀的设计汇报之一。唯一的不足是，表演者在表演的 1 分钟内，大部分时间背对着观众，没有充分与观众进行互动。

作业三：

这是关于索尼和佳能这两个品牌的对比。有 3 名演讲者，汇报时间两分半钟，没有表演。（图 6-5）

（1）从整体结构来看，本作业选择的两个品牌的对比点并不明确。然而，在众多对索尼和佳能作对比的作业中，该小组提出了非常有趣的对比角度——电影植入的产品品牌推广方式。其中有佳能在《蝙蝠侠》影片中的广告植入，以及《007》电影首映会中，入场观众的饮料杯中被放置的防水型相机。这些都极具娱乐性。如果汇报同学能够把观点集中在"品牌广告植入"这一观点上，并展开故事，将会更加有趣。

（2）此汇报的另一个优点是版面的平面设计。在陈述品牌历史的时候，由于找到的图片比较陈旧、像数较低，于是插入了一名主持人在背景前讲故事的形象，非常有创意。在播放影片时，这组同学也使用了一个复古的电视机作为"播放载体"。

（3）从平面视觉和内容来看，这应该是一次非常有趣的汇报，然而汇报人在汇报过程中却未能激情洋溢。可能是因为在口头表达上却没有作充足的准备。

（4）汇报人一直面向屏幕，背对观众，缺乏与观众的互动，这也使整个汇报效果大打折扣。

图 6-5

2．关于设计汇报的版面设计问题

作业四：

这是关于苹果和三星两个品牌的对比，有两名演讲者，汇报时间3分半钟，没有表演。（图6-6）

（1）此汇报因为只有两位同学，按规定应该只有2分钟时间，超时了1分半钟。在这种情况下，应该考虑对汇报内容做更精简的筛选，比如使内容更集中，只对软硬件进行对比。

（2）此汇报最大的亮点在于其版面设计。版面中只靠简单的标题配合图形的方式就清晰地传达了汇报人的观点，而版面的颜色和色块面积的控制也经过了认真的推敲。苹果品牌的页面是黑白色，也代表其产品的颜色（当时iPhone 5c还没有上市），蓝色代表三星，是其标志的颜色。当两品牌在某一方面旗鼓

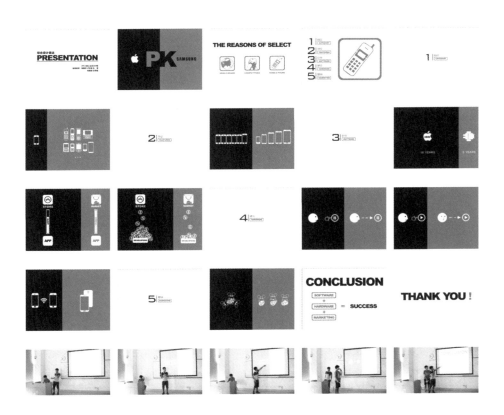

图 6-6

相当时，页面中的色块面积均等；同理，不均等时亦然。例如在比较产品的软件时，当时苹果具有 16 年开发历史的 IOS 系统，明显优于只有 5 年历史的安卓（Android）系统，所以此时代表苹果的黑色色块是蓝色色块的 3 倍多。

（3）汇报的两名同学配合默契，语言表达清晰而有专业感。

（4）汇报人采用了非常商业的陈述模式。为了增加互动，一名同学从口袋里分别掏出苹果和三星的手机进行对比，瞬间让人想起苹果前 CEO 乔布斯从口袋里拿出最新款 iPhone 时的场景。遗憾的是，该同学过于紧张，没有很好地以此场景展开描述。

3. 关于设计汇报的语言表达问题

作业五：

这是关于海飞丝和多芬这两个品牌的对比，有 3 名演讲者，汇报时间 5 分钟，有表演。（图 6-7）

此汇报的最大亮点在于品牌策略对比。品牌策略是一个非常大而虚的范畴，汇报人巧妙地把它简化，具象为与消费者的一段对话，通过一问一答的形式，形象生动地展示了这两个品牌的区别。（表 6-1）

点评与建议：

（1）在关于对比的汇报陈述中，演讲者遇到的最大困难往往是语言重复。经常在同一页面，同样的句式重复说两遍。这时可以尝试更换句型或概述的方式来避免重复感。

图 6-7

页面	汇报内容	点评
1	我是 11 级艺术设计学的麦展华，这是林秋艳，这是王秋玉。我们的汇报题目是"海飞丝与多芬的对话"。	汇报开始时先自报姓名和演讲主题。
2	这是多芬和海飞丝的广告语。多芬十年如一日，帮助女性寻找属于自己的美丽。她秉承简约而真实的理念，她的广告词是"无惧损伤，享你所爱"。而海飞丝的广告词是"头屑去无踪，秀发更出众"。	开门见山，直奔主题。
3	选择这两个品牌是有渊源的，海飞丝的去屑洗发水占市场份额的 60%，而联合利华的多芬则以"修复损伤"与海飞丝一较高下。	PPT 版面上的字不一定要全部读出来，语言陈述时，概述一下就可以了。
4	现在讲解一下品牌的历史。（把麦克风交给下一位同学）	这里做得很好，把麦克风交给其他同学时，可适当引用一句过场语。
5	林秋艳：关于多芬和海飞丝的品牌历史，我们做了一段比较形象的对话。大家可以看到，多芬的成长经历是比较曲折的，而且它延展的方面比较广泛，它从做美容香皂起，到现在的护发产品，都比较成熟。海飞丝的发展经历是比较直线型的，从一开始做去屑洗发露，到现在 21 世纪还是做护发洗发产品。（把麦克风交给下一位同学）	在同一句子中 2 次使用"它"，一方面不专业，另一方面给人重复的感觉。本句中可以改为"多芬的成长经历是比较曲折的，品牌延展的方面比较广泛，它从做美容香皂起，到现在的护发产品，都做得非常成熟。"
6	王秋玉：接下来我来讲解的那个是品牌策略的那个部分。	重复出现 2 次"那个"，不专业。
7	我们通过一个消费者的身份去面对两个品牌来提问。我们会问海飞丝"有什么卖点"，海飞丝回答："去头屑"。很多人会和我有一样的疑问："为什么这么多年还是去头屑这个主题呢？""因为根据调查，有 50% 的人会有头屑问题，就算经过 50 年，还是有头屑问题。"	对话可以考虑以表演的形式进行。
8	而多芬呢？多芬是以修复损伤为主的。多芬以女性为主要对象，女性永远追求美丽，因此女性是一个很大的潜在市场。	同样的对话，采用概括陈述，可减少重复感。

表 6-1

（2）页面与页面之间的跳转，除了直接念大标题之外，是否还有其他更自然、流畅的方法呢？

（3）应丰富设计汇报中的多途径表达方式。

作业六：

这是关于索尼和 IBM 两个品牌的对比，有 5 名演讲者，汇报时间 7 分钟，含表演。（图 6-8）

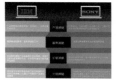

图 6-8

（1）从整个汇报的结构来看，此作业的选题不够明确，两个品牌所对比的范围太过宽泛。从逻辑上来看，作者采用了层层推进的逻辑结构，在汇报的尾部逐渐能够见到一些分析结果。

（2）在版面设计上，使用了多种视觉化的方式，包括对比图表、立体化图表等，版面显得非常专业。

（3）汇报人的语言表达非常清晰，做了充分的准备。

（4）此汇报最大的亮点在于其综合表达手段。这个汇报由一位同学做简要陈述后，就进入了表演环节。汇报以《非你莫属》的综艺节目的方式，把需作陈述的主要内容串在一起。其中两名男同学身上贴有索尼和 IBM 的标记，分别饰演索尼和 IBM 的总经理，西装革履地坐在讲台上面。一位女生饰演《非你莫属》的主持人，并邀请一名应聘者上台。通过应聘者与两位品牌经理的对话，汇报人巧妙地把品牌概况、品牌定位、营销策划、用户群对比等内容贯穿其中。汇报人无论肢体语言还是面部表情都很自然、到位，团队之间的默契非

常好。汇报还运用预先录制的视频，在现场制造了很多惊喜，引来听众们的阵阵喝彩声。（图6-9）

图6-9

作业七：

这是关于索尼和佳能这两个品牌的对比，有3名演讲者，汇报时间5分钟，含表演。（图6-10）

（1）此作业的整体结构逻辑很清晰，重点也突出。索尼和佳能其实是两个非常不同的品牌，在很多不同领域发展着。而作者在一开始就把范围缩小到只对两品牌的数码相机业务进行对比，是非常聪明的做法。而某些小组把两个超级品牌进行对比时，并没有抓住要点，单讲品牌历史就花了很多时间。此作业每个页面中的内容也很清晰，文字与图片配合恰当、紧密，充分考虑到了时间的要求。

（2）此作业在版式设计上略显简单，版面设计过于整齐，缺乏冲击力。

（3）汇报人语言表达较为清晰，随身携带的小纸条也说明了其对此次汇报做了很多准备，若能脱稿演讲效果会更好。

（4）团队合作非常成功。首先安排了一名同学对两品牌的品牌背景、市场

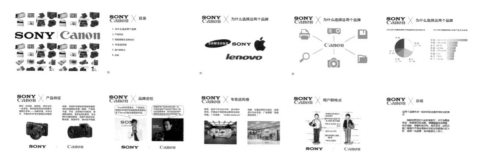

图 6-10

数据、产品风格、代言人、店面风格、用户等作了一番解释。此同学表现得有
点紧张——不停地反复转动身体，一会看观众，一会看屏幕内容，最后干脆背
对着观众汇报。后面出场的两位同学则显得非常自然，他们分别扮演索尼和佳
能的发言人，以辩论的方式评价双方品牌和产品的不足，非常有趣。整个过程
两人基本没有停顿过或出现忘词的情况。（图 6-11）

以下为节选的辩论内容：

S: 大家好！我是索尼公司的发言人。

C: 大家好！我是佳能公司的发言人。佳能好，佳能棒，佳能呱呱叫。

S: 我们索尼成立于 1945 年，我们于 1979 年发明了第一代随身听。

C: 我们佳能成立于 1937 年，现在已经 70 多年了，这一点就已经把你
击倒。

S: 年代不能说明什么问题。我们的产品虽然不是生活的必需品，但是我们
一直保持创新，始终致力于生产不同风格、色彩缤纷的产品。

C: 我们佳能的产品讲求实用，分成高、中、低三个不同的档次。据我所
知，索尼去年亏了 50 亿美元，而佳能每一年都在盈利。

图 6-11

S: 关于亏损，去年我们主要受到了苹果的冲击，但是我们依然会更加努力，创造出更好的产品。我们会告诉你这是谁的时代。

C: 我们的技术是一流的，图像处理也是一流的。而索尼更强调外观，它的技术没法和我们比。

S: 我们的品牌强调青春活力，我们的卖点是色彩缤纷，我们的用户群都是年轻一代。

C: 我们企业的理念就是共生。共生就是大家一起努力来建设我们的美好社会，共同生活，共同创新，谢谢！

S: 我们的口号是"创新源于生活，梦想创造未来"。

作业八：

这是关于阿迪达斯和安利这两个品牌的对比，有 5 名演讲者，汇报时间为 8 分半钟，含表演时间。（图 6-12）

（1）在版面设计上，使用了太多的文字，缺乏视觉化表现。

（2）汇报过程中，5 名演讲人的语言表达非常清晰，虽然是照着手上的小纸条在读，但是演讲还算激情洋溢。

（3）在综合表达上，整个汇报以"安利和阿迪达斯产品合作发布会"为剧本，贯穿整个设计汇报。1 位同学扮演主持人，邀请代表安利公司的 2 位同学和代表阿迪达斯公司的 2 位同学进行发言，分别讲述两个品牌的合作背景等情况。小组成员有着非常好的态势语言，比如与听众挥手互动、微笑等。同学们

图 6-12

在讲台上的站位也非常合理，一开始是一字排开，其后分成两边，方便展示屏幕信息。如果能够减少看提示小纸条的次数和时间，将会有更理想的表演效果。（图 6-13）

图 6-13

本章小结

一场成功的设计汇报除了依靠各种表达技巧和方法外，关键还在于经常练习，多从听众中获得反馈信息，对设计汇报进行修改完善。

关键词

设计汇报，逻辑结构，版面设计，语言表达

思考题

挑选两个品牌，尝试用不同的标准对这两个品牌进行归类和比较，看看能否找出它们之间的联系和异同？

推荐阅读

刘振生、史习平、马赛、张雷编著：《设计表达》，清华大学出版社，2005 年。